3天就能完成的超人气编织小物

# 护手 & 护腕 & 护腿

hand & wrist & leg warmers

[日] E&G 创意　编著

韩慧英　陈新平　译

中国水利水电出版社
www.waterpub.com.cn

# 目 录




**Staff**

装帧设计 / 弘兼奈美

摄影 / 小塚恭子（插图） 本间伸彦（制作步骤・线样本）

款式 / 绘内友美

作品设计 / 大人手艺部　今村曜子　冈真理子　镰田惠美子

河合真弓　小濑千枝　本间幸子

制作步骤协助 / 河合真弓

编辑协助 / delta.l　小林美穗　shuu 工房

策划・编辑 / E&G CREATES（薮 明子）

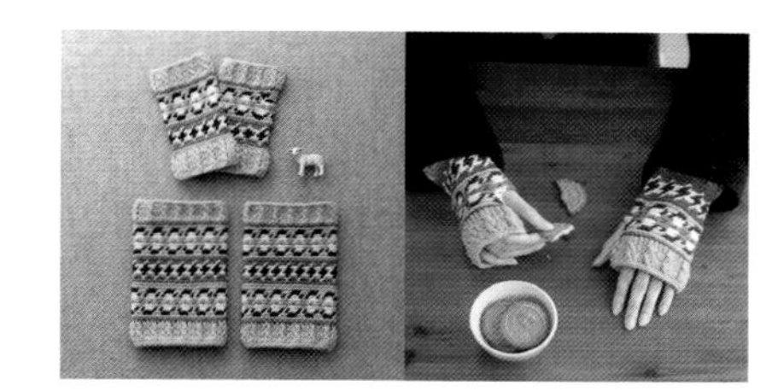



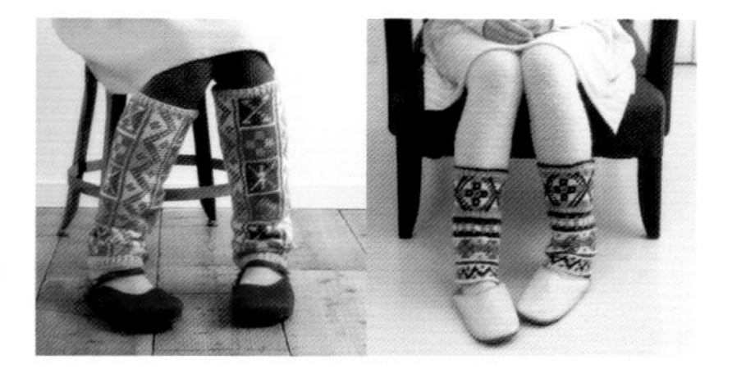

※ 重点教程中，为方便学习理解，制作步骤中的图片替换了线的种类及颜色。
※ 印刷刊物，图片中的线同实物会有些许色差。

# 基础和重点教程

## 钩针编织的基础和重点

### 短针的扭针 ×

短针循着每行相同方向编织，针圈呈现倾斜状态。
按“短针的扭针”编织则不会倾斜，编入花样呈现清晰、平整的状态。

1
挑起上一行针圈的外侧半针，编织短针。接着，如箭头所示入针。

2
挂线于针，引出于内侧。

3
再次挂线于针，2 线袢一并引拔。

4
短针的扭针完成。上一行内侧半针留为扭转状，正面可见。

### 起针成环状

如果变换第1行挑起锁针半针及里山或仅挑起锁针里山制作成环状时最后的引拔方法，则容易编织。

#### A 挑起锁针半针及里山

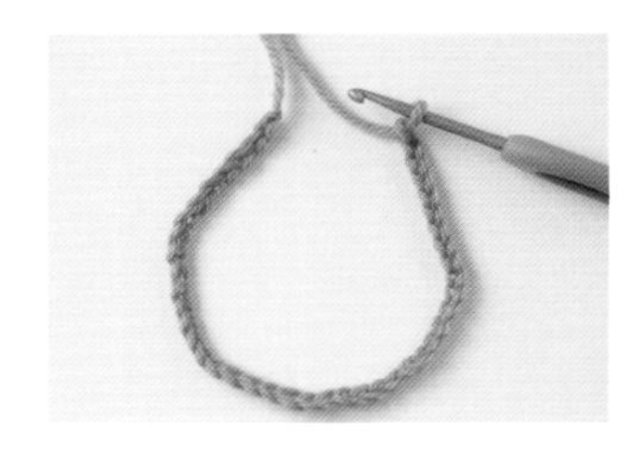

编织完成所需数量的锁针，注意转动针圈，编织始端的锁针侧引拔成环状（图中为锁针 42 针完成状态）。

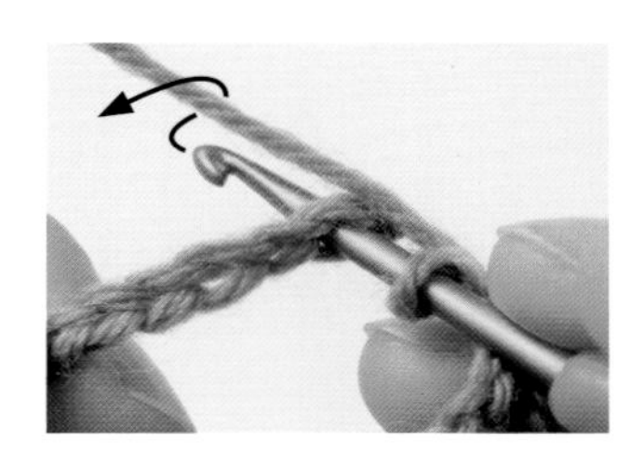

1
入针于编织始端锁针的半针及里山，如箭头所示挂线引拔。挑起的针圈清晰，挑起方便。

2
引拔完成。

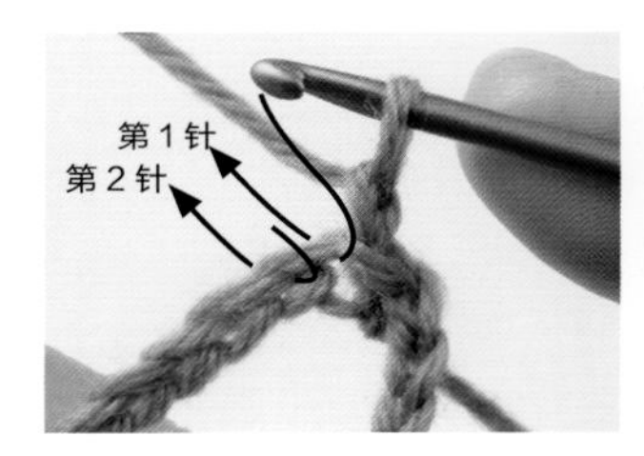


3
下一个锁 1 针立起，步骤 1 相同针圈侧编织第 1 针的短针。接着，如箭头所示挑起锁针的半针及里山，继续编织短针。

#### B 挑起锁针的里山（参照第 60 页）

1
挑起锁针的里山入针，如箭头所示挂线引拔。虽然挑起少许困难，但是锁针留存、外观整齐。

2
引拔完成。

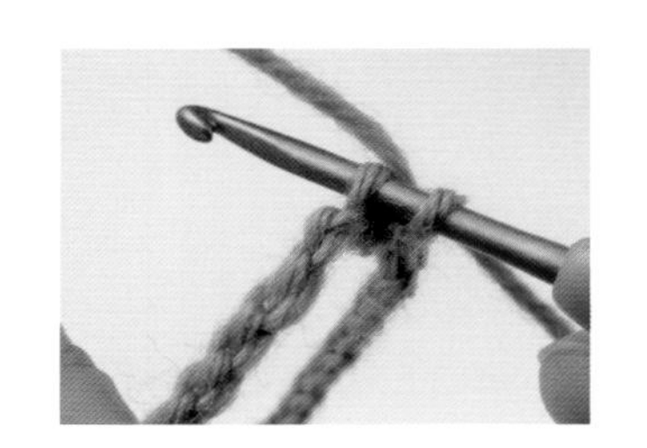

3
接着，锁 1 针立起，同步骤 1 相同针圈侧编织第 1 针的短针。

4
编织完成 1 针短针。接着，如箭头所示挑起锁针的里山，继续编织短针。

## 3 图片 / 第 8 页 制作方法 / 第 10 页

### 编入花样的编入方法（编织包住过线的方法）

通过作品3进行说明。水蓝色是底线，白色是配色线。换颜色的1针之前，用编织该针圈的颜色编织未完成的短针的扭针，用下个针圈的颜色引拔。

编入花样 第 6 行

1
第 6 行的末端，引提配色线（白）挂于针，用底线引拔。

2
反面状态。配色线从第 4 行引提。

第 7 行

3
用底线（水蓝色）编织立起的锁 1 针，接着用底线编织短针的扭针。此时，用底线编织包住配色线。配色线从外侧挂于内侧，如箭头所示引出底线。

4
引出底线，编织包住配色线（未完成的短针的扭针）。再次挂线如箭头所示引拔，第 1 针完成。

5
编织包住配色线，用底线编织 5 针，第 6 针未完成的短针的扭针完成。用配色线编织第 7 针，挂配色线如箭头所示引拔。右上图为引拔，由底线替换成配色线。

6
第 7 针用配色线编织未完成的短针的扭针，底线编织第 8 针，挂底线于针，如箭头所示引拔。右上图为引拔，由底线替换成配色线。

7
接着，下个配色线的针圈之前，编织包住配色线，用底线编织短针的扭针。

8
用底线编织完成 3 针。
*换颜色时，完成 1 针之前的引拔使用替换的线。用相同颜色的线继续编织时，编织包住不编的线。

### 大拇指位置的编织方法

编入花样 第 13 行

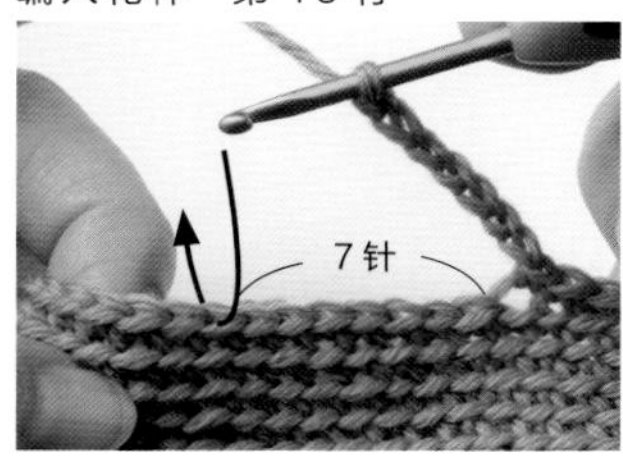


1
编织至大拇指位置，再编织锁 7 针，下一行短针的扭针第 8 针侧编织短针的扭针。

2
第 8 针侧编织完成短针的扭针。接着，编织 1 行。
*配色线缓缓过 7 针锁针部分。

编入花样 第 14 行

3
挑起第 13 行编织完成的锁针的半针及里山，编织短针。
*配色线一并编织包住。

4
大拇指的开孔部分完成。

# 基础和重点教程

应用技巧!

编织含大拇指部分的护手时，从大拇指开孔部分挑针编织。上下从1针逐针挑起，两端同样逐针挑起（或挑2针）。大拇指同本体花样（本体为短针的扭针，则为短针的扭针；本体为长针，则为长针。）编织。
以作品3接大拇指部分为例，进行说明（*作品不编织大拇指部分）。

## 大拇指的编织方法

1
大拇指的第 1 行从大拇指开孔部分挑针编织。第 12 行的端部针圈的上侧半针接新线，锁 1 针立起，从 1 针逐针挑起编织短针的扭针。

2
从端部未开孔位置挑 1 针，如箭头所示入针。

3
编织短针。

4
从短针挑针 1 针完成。

5
上侧挑起锁针剩余的半针，编织短针。挑 7 针，从端部未开孔位置挑 1 针。

6
编织始端的锁针侧引拔，第 1 行完成。第 2 行开始编织短针的扭针。

7
编织 5 行大拇指部分。编织末端断线，如箭头所示引拔，并固定针圈。

8
大拇指部分完成。

## 14 图片 / 第 20 页 编织方法 / 第 22 页

### 表引长针 2 针和长针 2 针的左上交叉

花纹针 B　第 1 行

1
“锁 3 针、短针 1 针、锁 3 针、短针 1 针”完成。

花纹针 B　第 2 行

2
图中针圈 1 及 2 侧编织表引长针，针圈 3 及 4 侧编织长针。挂线于针，针圈 1 侧编织表引长针（为方便理解，改变花纹针 B 第一行的颜色）。

3
表引长针完成 1 针。接着，针圈 2 侧编织表引长针。

4
表引长针完成 2 针。

花纹针 B 第 2 行

5
从表引上针后侧开始，按针圈 3、4 顺序编织长针。最后，挂线于针。

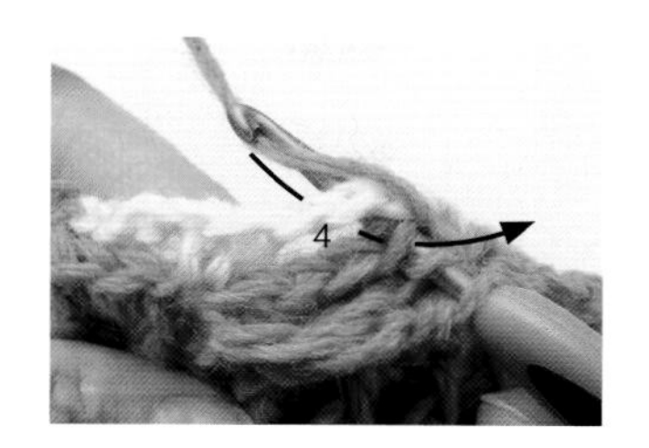


6
入针于针圈 3 及第 1 行锁 3 针的下侧，如箭头所示引出编织长针。接着，针圈 4 侧编织长针。

7
针圈 3 及 4 侧编织完成长针。表引长针 2 针和长针 2 针的左上交叉完成。

8
编织 1 针短针。

## 表引长针 2 针和长针 2 针的右上交叉

花纹针　第 12 行

1
按针圈 1 及 2 的顺序编织长针，再按针圈 3 及 4 的顺序编织表引长针。

2
针圈 1 及 2 的长针完成。

3
接着，按针圈 3 及 4 的顺序编织表引长针。

4
表引长针 2 针和长针 2 针的右上交叉完成。

# 16 图片 / 第 24 页　制作方法 / 第 26 页

## 锁针荷叶边的编织方法

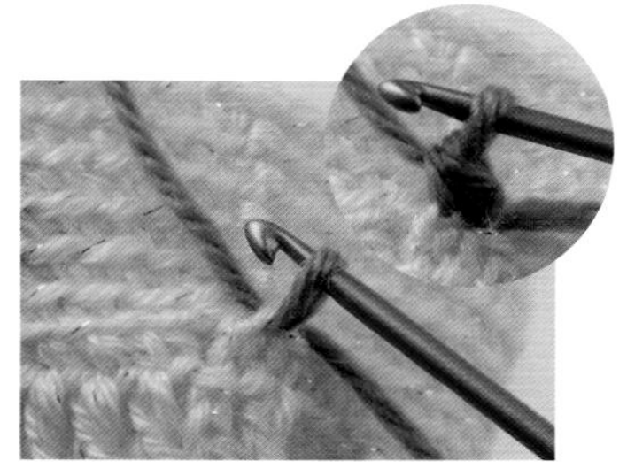

1
从短针的扭针第 1 行剩余半针引出新线，锁针立起，相同位置编织短针（改变颜色，方便理解）。

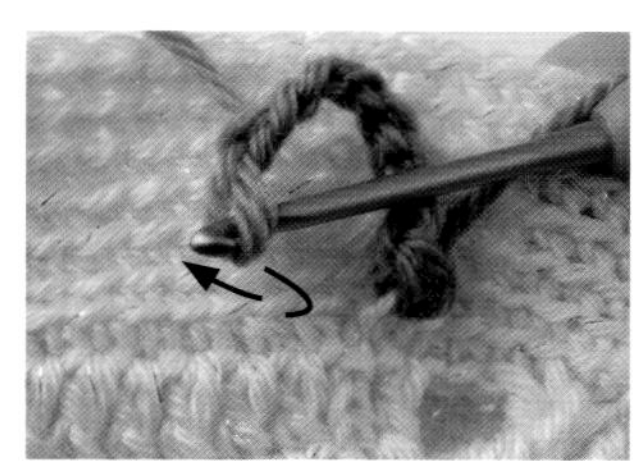

2
编织锁 7 针，挑起跳过 1 针的下个半针，编织短针。

3
线袢编织完成。

4
接着，重复“锁 7 针，跳过 1 针编织短针”。下一行挑针位置错开 1 针，每隔 1 行线袢交替重合编织。最后那行全针挑起编织。

# Nordic
## hand warmers
## 护手

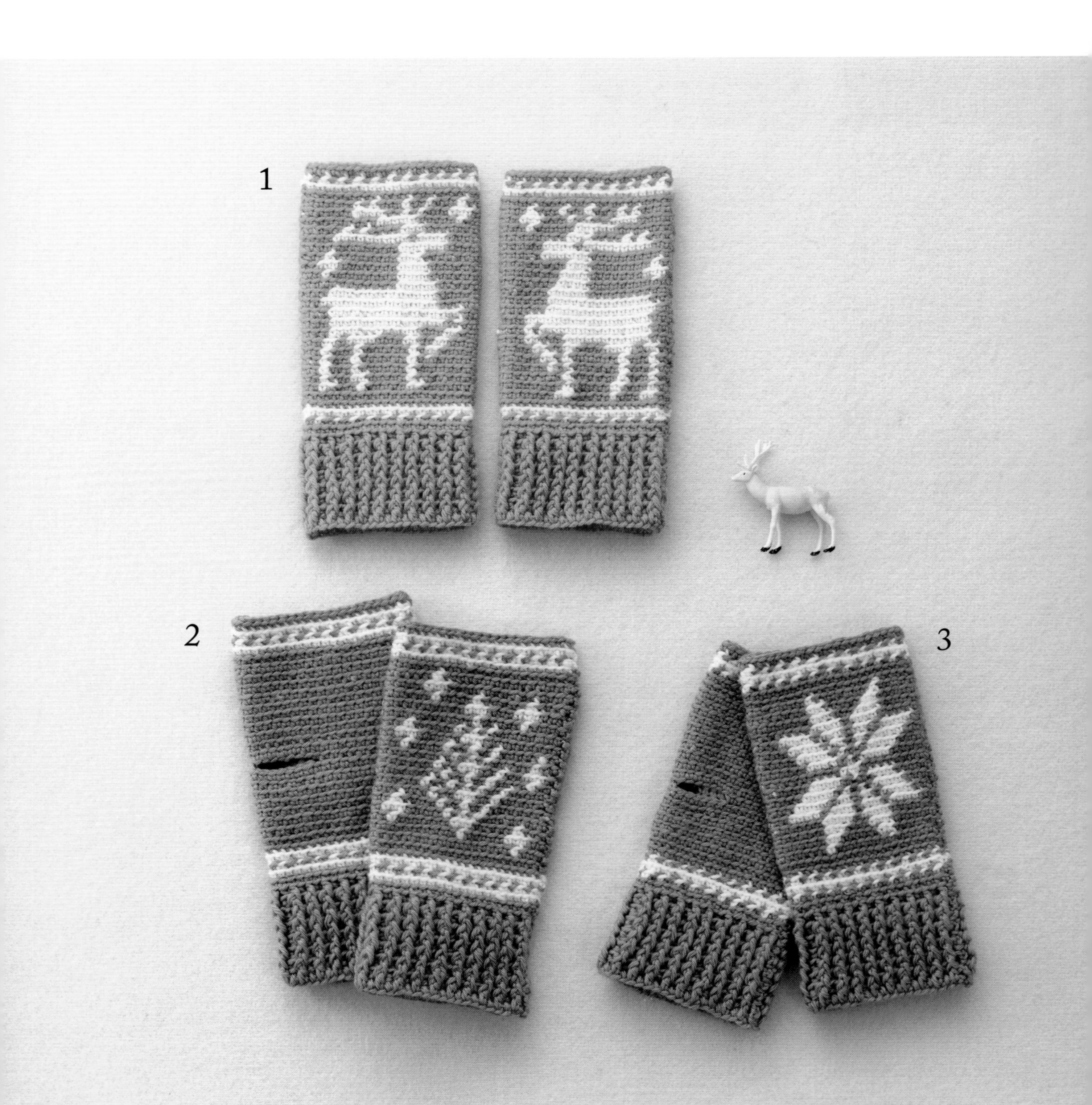

**织片就像一幅油画！优雅的主题图案自由地呈现。**

**短针的扭针要比正方形稍稍延长编织。花形图案加上了变形泡泡针的点缀。**

编织方法／第 10 页　重点教程／第 5 页　设计／大人手艺部　编织／桥本八重子

4

# 1 ～ 4

## 北欧花样　护手

图片 / 第 8、9 页
重点教程 / 第 5 页

### 材料和工具

线　OLYMPUS Premio
作品1　深粉色（25）40g、白色（1）10g
作品2　黄绿色（11）40g、白色（1）10g
作品3　水蓝色（7）40g、白色（1）10g
作品4　红色（15）40g、白色（1）10g

针（通用）　钩针5/0号

### 成品尺寸（通用）

作品1～3　手腕周长18cm、长17.5cm
作品4　手腕周长18cm、长18cm

### 编织方法步骤

〈通用〉

1
锁42针起针，引拔成环状，挑起锁针半针及里山编织花纹针。

2
接着，编织短针的扭针的编入花样。

3
第13行（仅作品4为第11行）的大拇指位置编织锁7针开孔。下一行挑起锁针半针及里山，再编织。

# 3

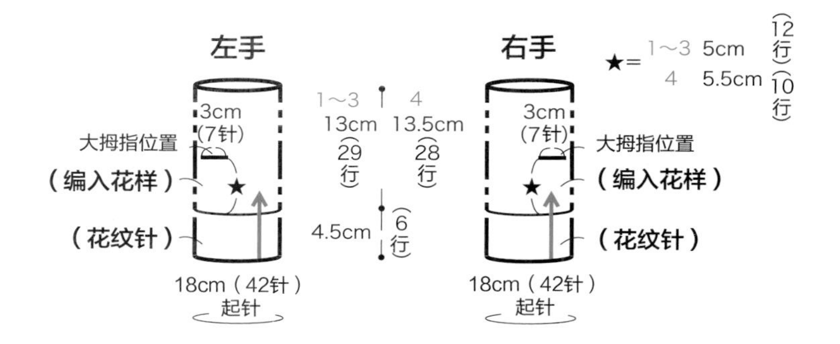


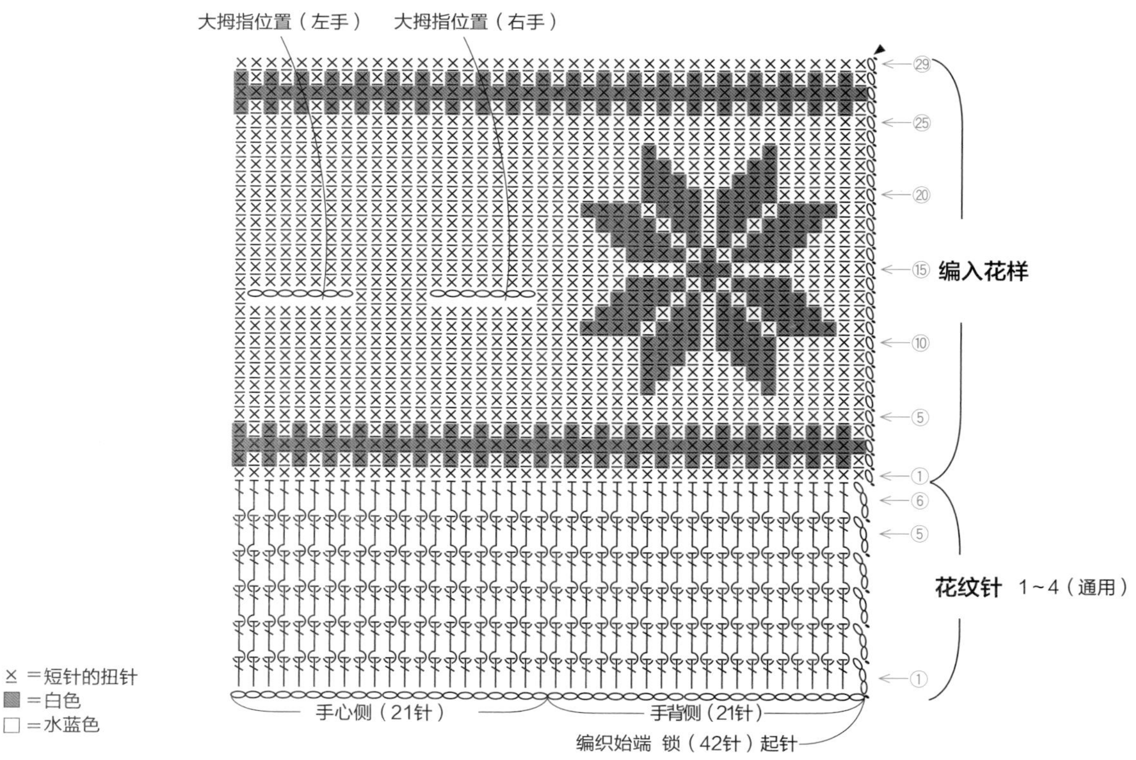


× ＝短针的扭针
▩ ＝白色
□ ＝水蓝色

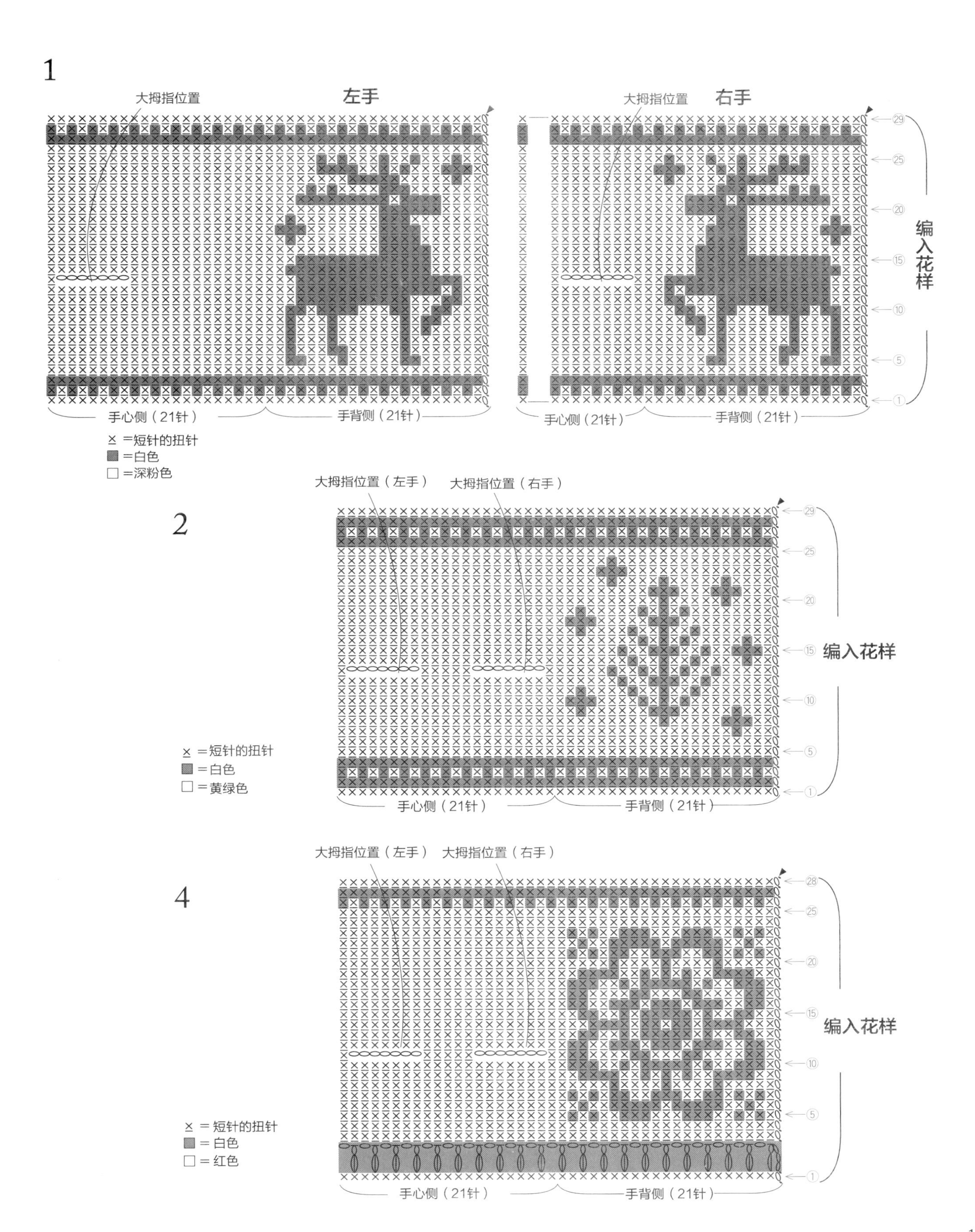
1
大拇指位置
左手
大拇指位置
右手
29
25
20
15
10
5
1
编入花样
手心侧（21针）
手背侧（21针）
手心侧（21针）
手背侧（21针）
×=短针的扭针
=白色
=深粉色
大拇指位置（左手）
大拇指位置（右手）
2
29
25
20
15
10
5
1
编入花样
×=短针的扭针
=白色
=黄绿色
手心侧（21针）
手背侧（21针）
大拇指位置（左手）
大拇指位置（右手）
4
28
25
20
15
10
5
1
编入花样
×=短针的扭针
=白色
=红色
手心侧（21针）
手背侧（21针）

# Nordic + One

## wrist warmers

**护腕**

**左右编织图案可以相同，或者稍有区别也很有趣。**

**作品 5 的图案不同，作品 6 和作品 7 的配色相同，在手腕侧添加泡泡针和交叉针的精美装饰。**

编织方法／第 14 页　设计／大人手艺部　编织／川村顺子

# 5 ～ 7

## 北欧图案+ One
## 护腕

图片/第 12、13 页

材料和工具

线　DARUMA手编线 小卷Café 爱抚
作品5　深蓝色(13)25、原色(1)15g
作品6　芥末黄(9)、深灰色(14)各20g
作品7　芥末黄(9)、蓝色(12)各15g、原色(1)10g

针(通用)　钩针5/0号

成品尺寸(通用)
作品5　手腕周长20cm、长14cm
作品6　手腕周长20cm、长13cm
作品7　手腕周长21cm、长13cm

编织方法步骤

〈通用〉

1
锁针起针，引拔成环状。挑起锁针的里山，编织花纹针。

2
接着，编织短针的扭针编入花样。

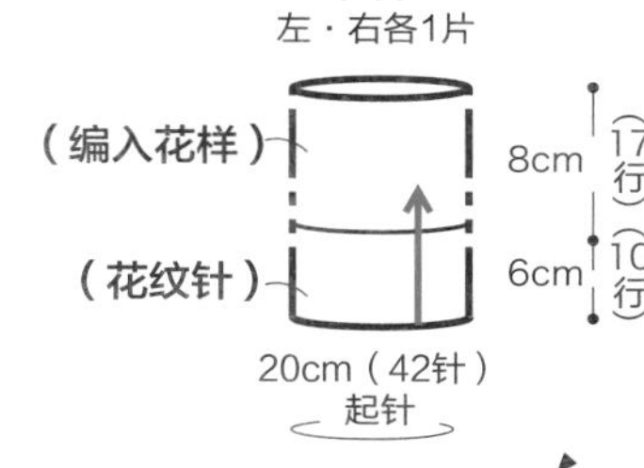


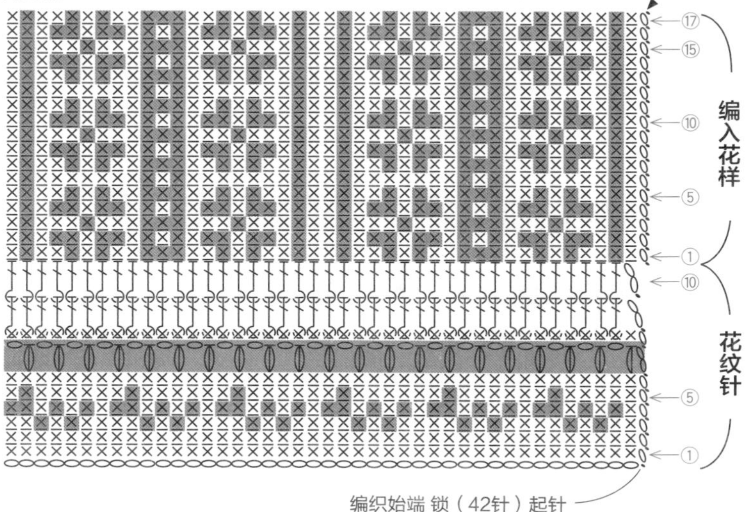


长针 1 针交叉
（之间锁 1 针）

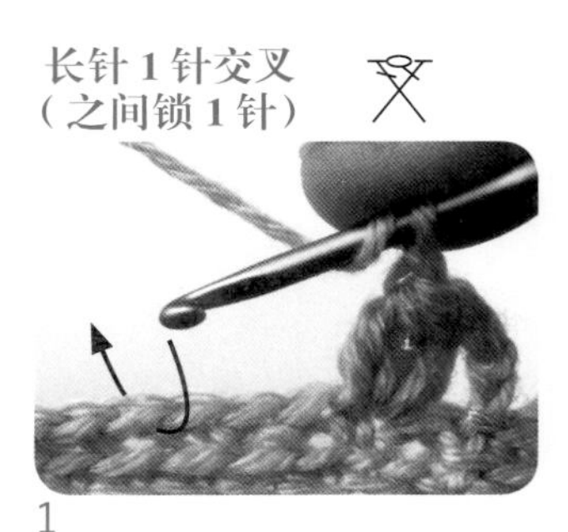
1
挂线于针，跳过 2 针编织长针。

2
锁 1 针，挂线于针挑起 2 针内侧针圈入针，编织长针包住步骤 1 的长针。

3
长针 1 针交叉（之间 1 针）。

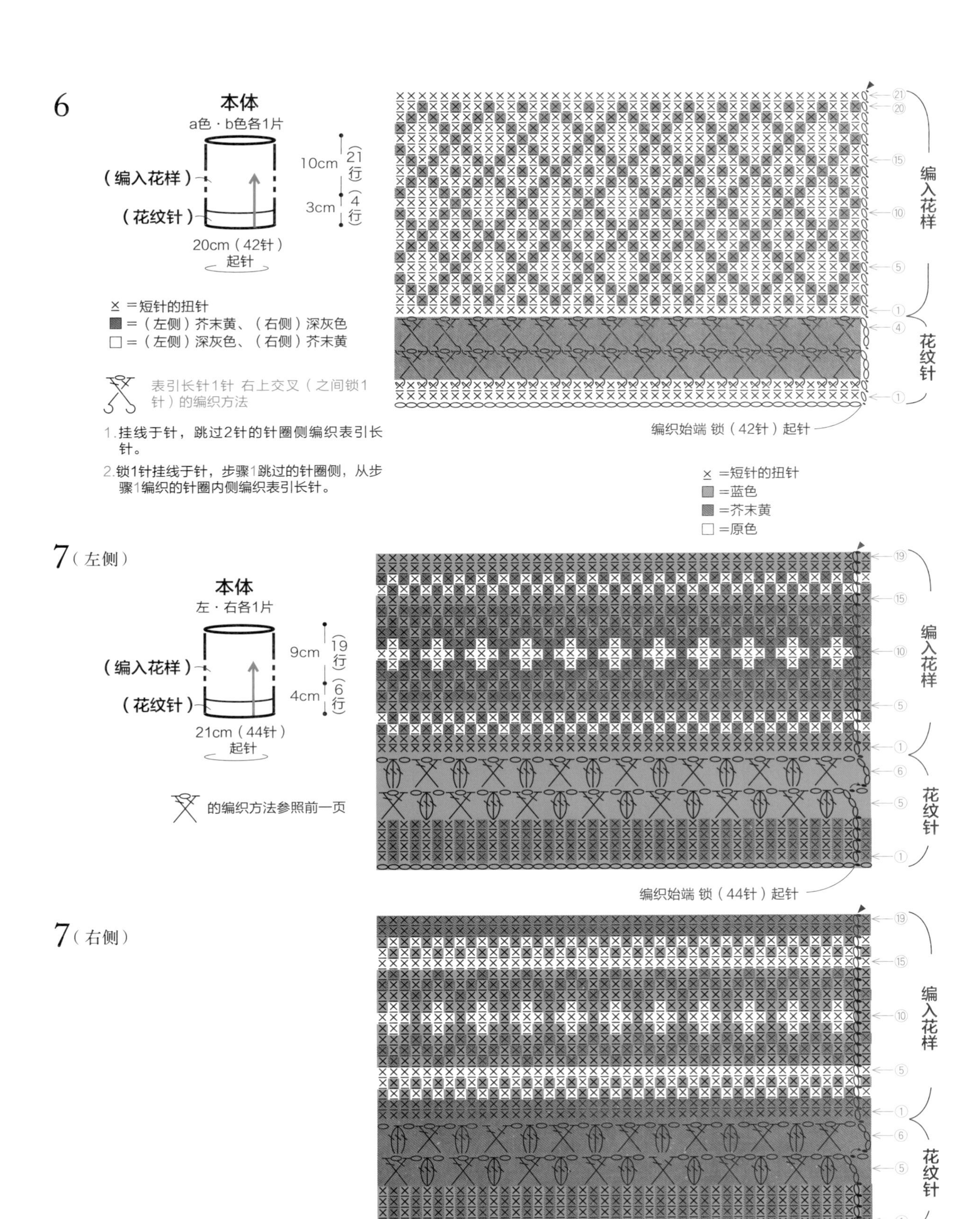
6
本体
a色・b色各1片
（编入花样）
（花纹针）
10cm（21行）
3cm（4行）
20cm（42针）
起针
× =短针的扭针
■ =（左侧）芥末黄、（右侧）深灰色
□ =（左侧）深灰色、（右侧）芥末黄
表引长针1针 右上交叉（之间锁1针）的编织方法
1.挂线于针，跳过2针的针圈侧编织表引长针。
2.锁1针挂线于针，步骤1跳过的针圈侧，从步骤1编织的针圈内侧编织表引长针。
编入花样
花纹针
编织始端 锁（42针）起针
× =短针的扭针
■ =蓝色
■ =芥末黄
□ =原色
7（左侧）
本体
左・右各1片
（编入花样）
（花纹针）
9cm（19行）
4cm（6行）
21cm（44针）
起针
的编织方法参照前一页
编入花样
花纹针
编织始端 锁（44针）起针
7（右侧）
编入花样
花纹针
编织始端 锁（44针）起针

# Nordic

hand warmers & leg warmers

护手 & 护腿

8

9

**护手和护腿的组合。16 页和 17 页采用相同花样，不同配色。**
**正因为配色的差别，可以感觉到完全不同的设计，非常奇妙。**

**编织方法 / 第 18 页　设计 & 编织 / 镰田惠美子**

# 8 ～ 11

## 北欧图案
## 护手 & 护腿

图片／第 16、17 页

材料和工具

线　HAMANAKA 斐尔拉迪50
作品8　深蓝色（28）30g、白色（1）15g、朱红色（101）5g
作品9　深蓝色（28）160g、白色（1）35g、朱红色（101）20g
作品10　苔绿色（103）35g、米色（60）15g
作品11　米色（60）160g、苔绿色（103）50g

针（通用）　钩针5/0号

成品尺寸（通用）
作品8、10　手腕周长20cm、长15cm
作品9、11　小腿围30cm、长43.5cm

编织方法步骤

〈8,10 通用〉

1
锁针起针，引拔成环状。挑起锁针里山，编织编入花样。

2
第16行的大拇指位置锁8针开孔。第17行挑起锁针里山编织。

〈9,11 通用〉

1
锁针起针，引拔成环状。挑起锁针里山，编织编入花样。

2
接着，短针的扭针编入花样编织63行。

3
最后，编织6行花纹针。

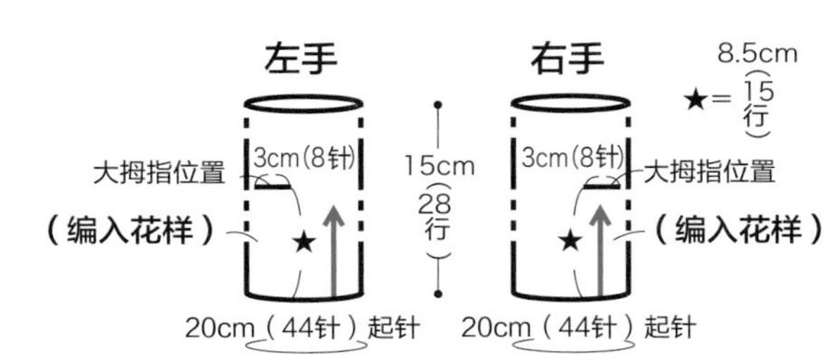


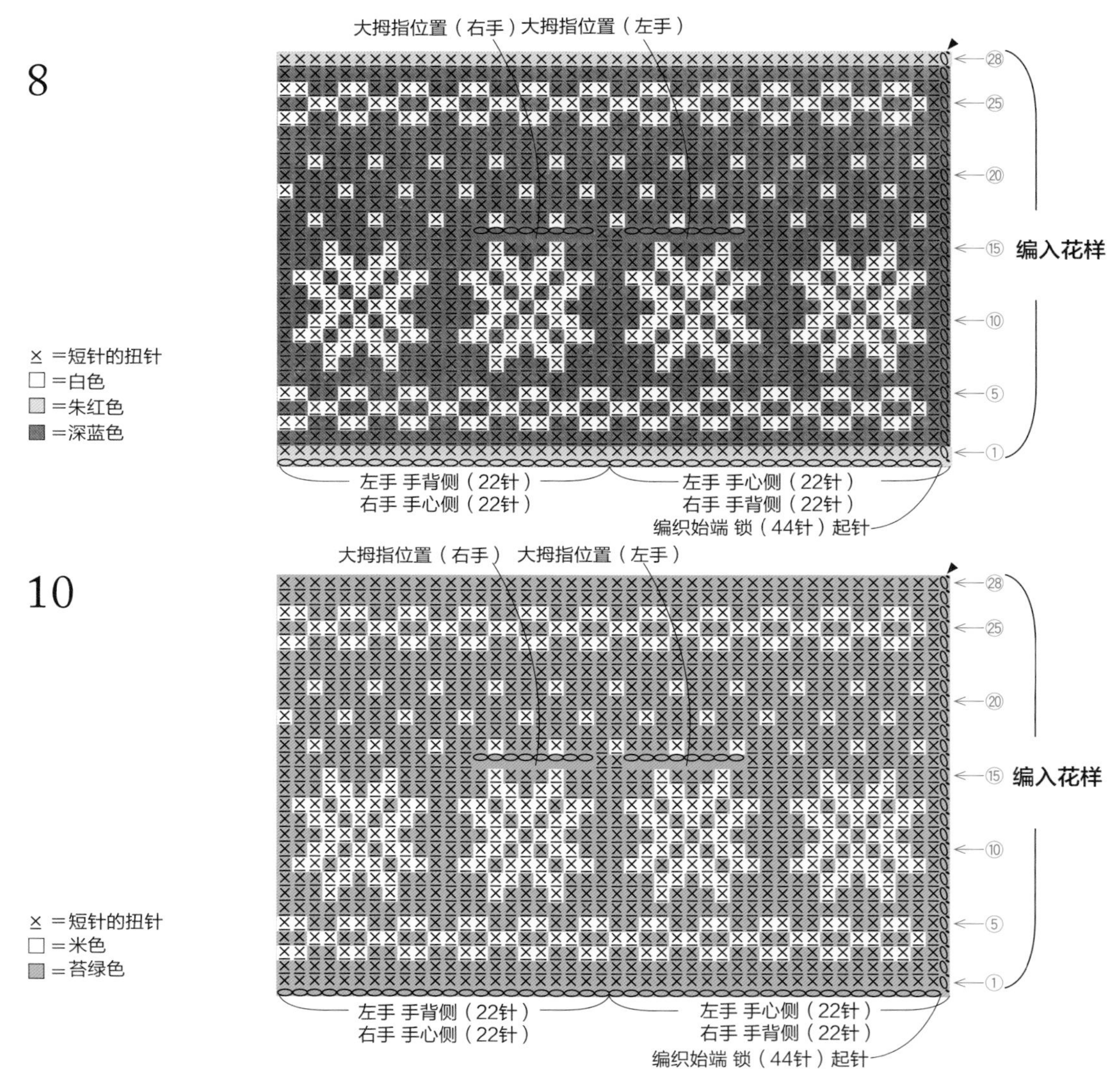

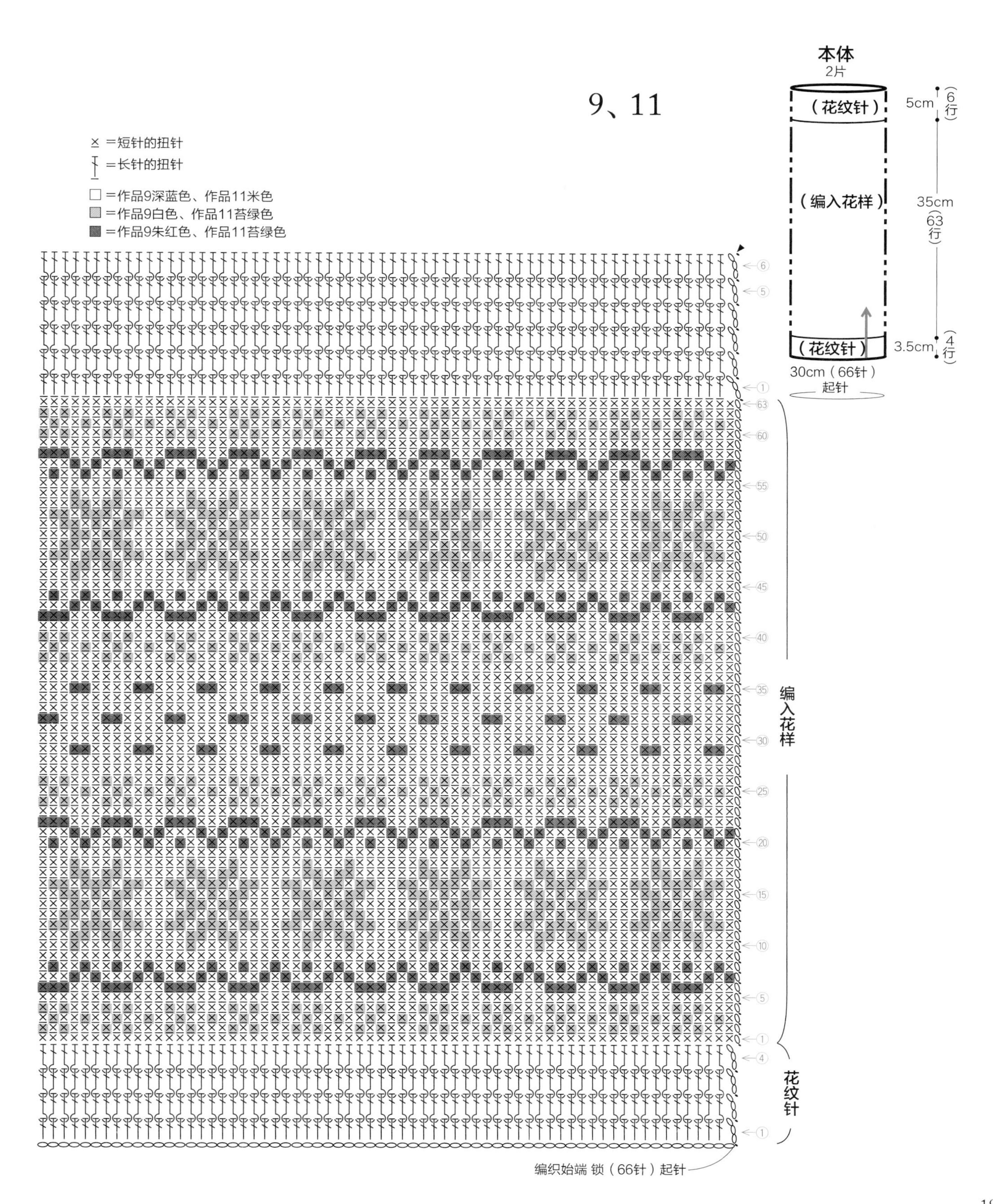
9、11
本体
2片
5cm
6行
（花纹针）
（编入花样）
35cm
63行
（花纹针）
3.5cm
4行
30cm（66针）
起针
×＝短针的扭针
＝长针的扭针
□＝作品9深蓝色、作品11米色
▒＝作品9白色、作品11苔绿色
▓＝作品9朱红色、作品11苔绿色
编入花样
花纹针
编织始端 锁（66针）起针

# Aran

## hand warmers & wrist warmers

**护手 & 护腕**

**如作品 12 般整圈编织而成的护腕和作品 13 ～ 15 般仅需大拇指开孔的护手，都是简单的作品。**
**其中，作品 15 含大拇指部分。制作时，可随意选择自己喜欢的花样。**

编织方法／第 22 页　重点教程／第 6 页　设计／冈真理子　编织／大西双叶

# 12 ～ 15

## 阿伦图案
## 护手 & 护腕

图片／第 20、21 页
重点教程／第 6 页

### 材料和工具

线　OLYMPUS Ever
作品12　蓝色（55）50g
作品15　米色（52）80g
OLYMPUS Tree House Leaves
作品13　橙色（4）60g
作品14　原色（1）60g

针（通用）　钩针7/0号、8/0号

### 成品尺寸

作品12　手腕周长18cm、长12.5cm
作品13,14　手腕周长18cm、长16cm
作品15　手腕周长18cm、长21cm

### 编织方法步骤

〈本体通用〉

1
钩针7/0号锁针起针，引拔成环状。挑起锁针里山，编织花纹针A。（起针不要太紧）

2
接着，钩针替换成8/0号，编织花纹针B。

3（仅作品13～15）
大拇指位置锁5针开孔。下一行挑起锁针半针及里山编织。

4（仅作品15）
从大拇指位置挑针，编织花纹针C。

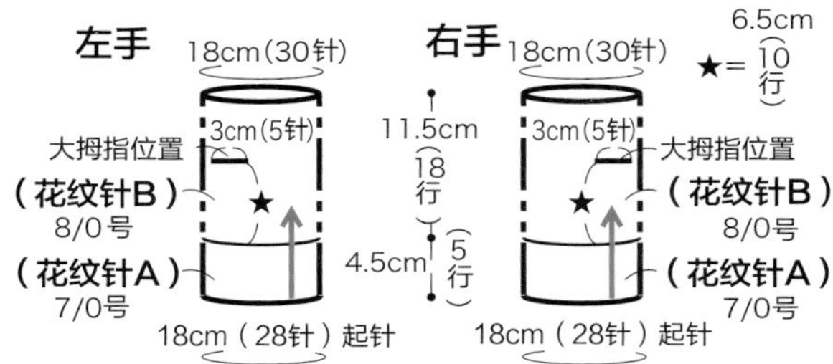


13

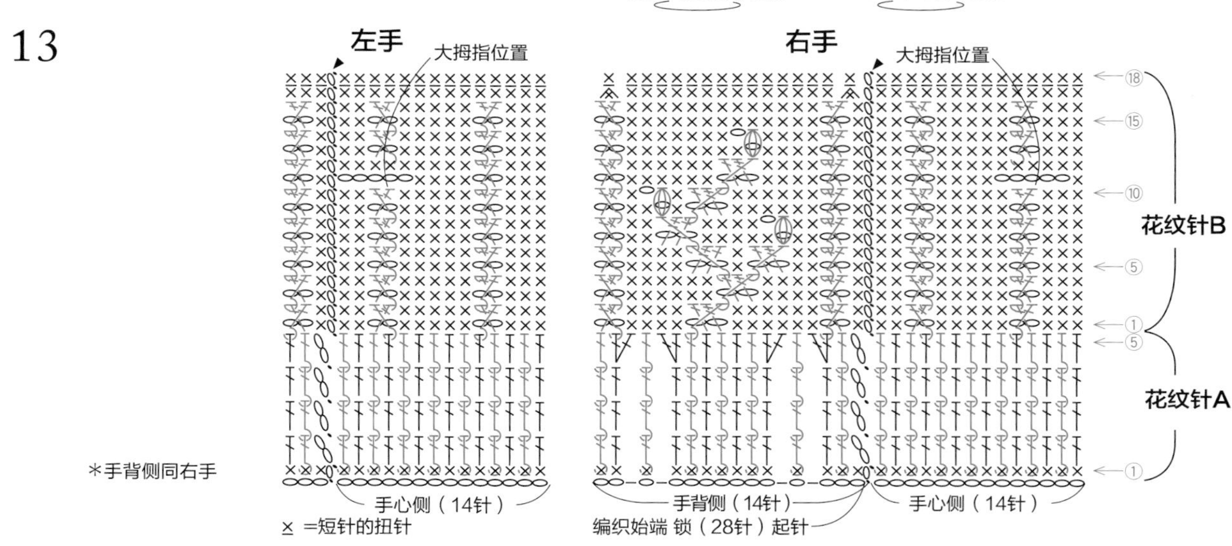


14

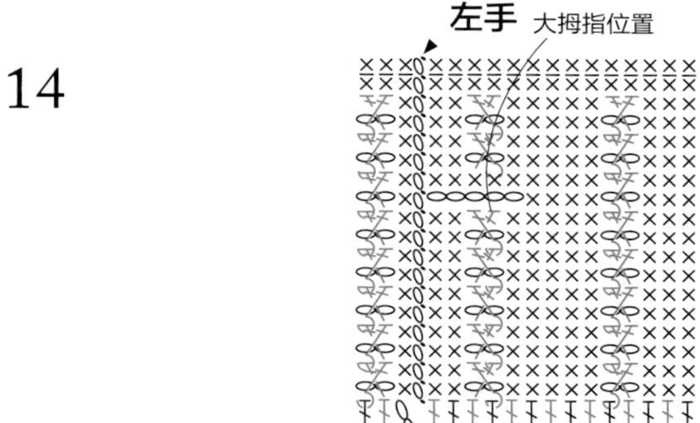


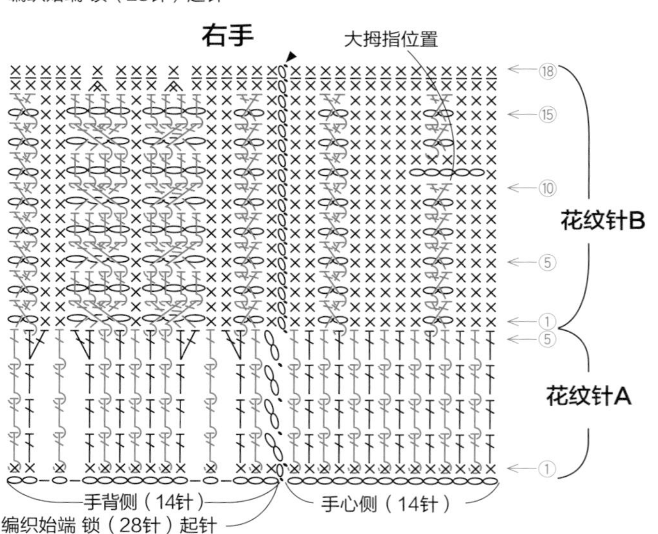

## 12

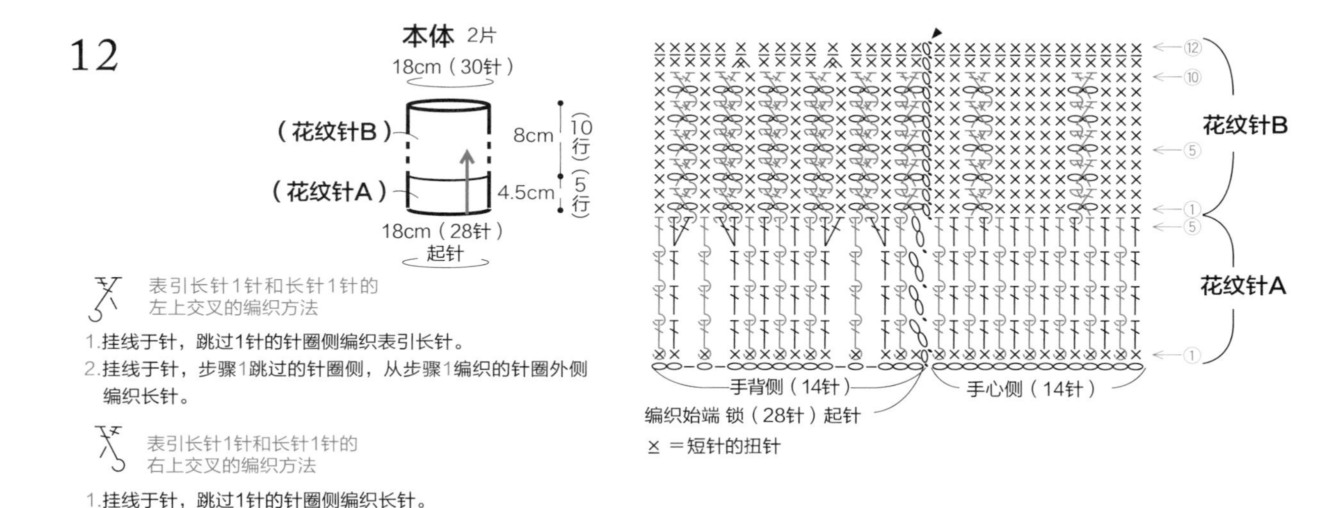


表引长针1针和长针1针的左上交叉的编织方法

1.挂线于针，跳过1针的针圈侧编织表引长针。
2.挂线于针，步骤1跳过的针圈侧，从步骤1编织的针圈外侧编织长针。

表引长针1针和长针1针的右上交叉的编织方法

1.挂线于针，跳过1针的针圈侧编织长针。
2.挂线于针，步骤1跳过的针圈侧，从步骤1编织的针圈内侧编织表引长针。

## 15

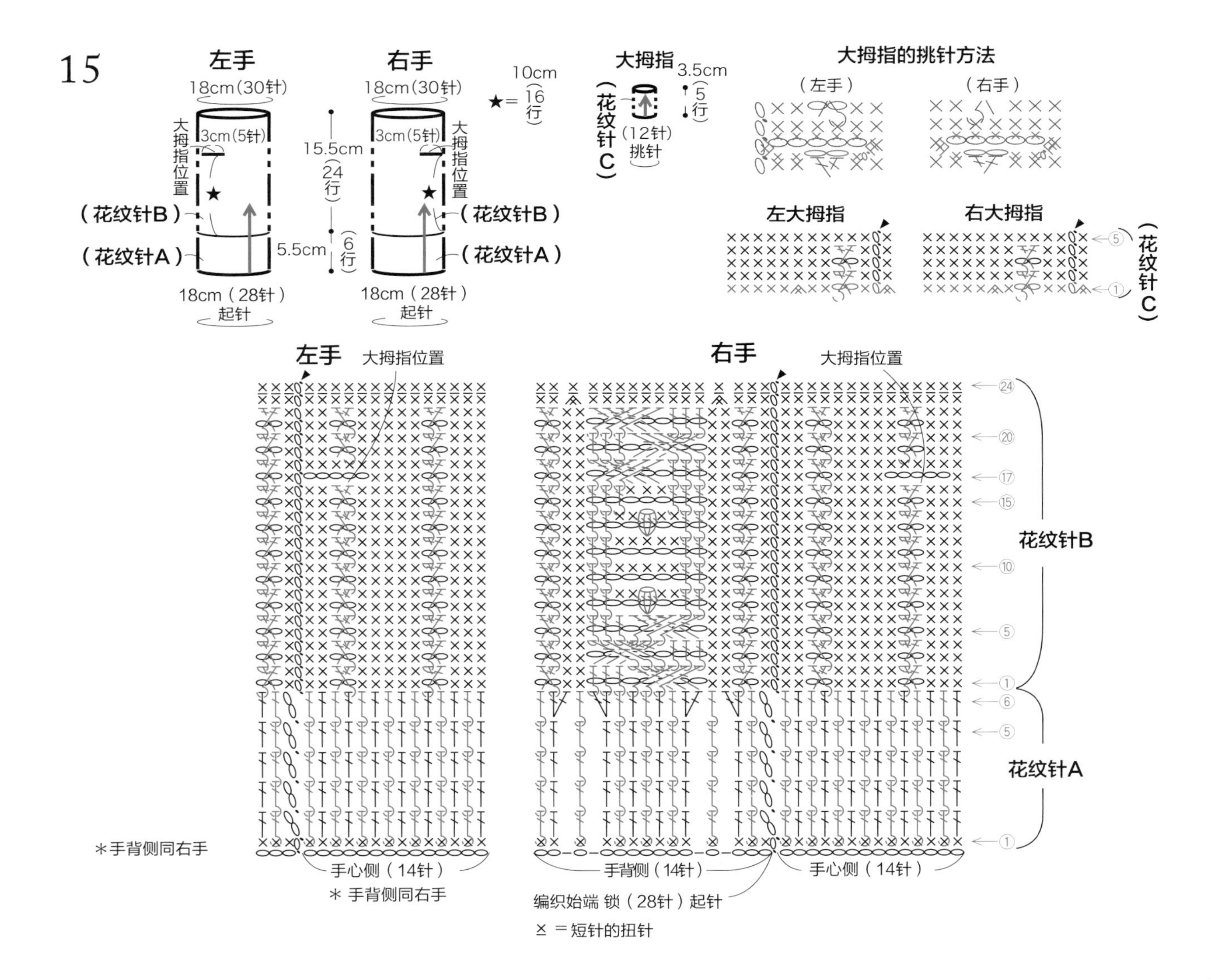

# Aran

## hand warmers & leg warmers

**护手 & 护腿**

少女印象的阿伦花样。作品 16 使用金银线和锁针荷叶边，优雅华丽。
作品 17 和作品 18，泡泡针步骤的麻花图案和彩色的粗线搭配出时尚感。

编织方法／第 26 页　重点教程／第 7 页　设计／河合真弓　编织／关谷幸子

# 16 ～ 18

## 阿伦图案
## 护手 & 护腿

图片／第 24、25 页
重点教程／第 7 页

### 材料和工具

线　OLYMPUS Silky Grace
16　白色（1）55g
OLYMPUS make make cocotte
作品17　橙色（415）55g
作品18　橙色（415）245g

针　作品16　钩针4/0号
作品17、18　钩针6/0号

### 成品尺寸

作品16　手腕周长20cm、长20cm
作品17　手腕周长20cm、长17cm
作品18　小腿围30cm、长43.5cm（上侧不折入状态）

### 编织方法步骤

**作品16**

1
锁44针起针，引拔成环状。挑起锁针的里山，编织花纹针A。

2
大拇指位置共线锁7针起针，第11行挑起此锁针的半针及里山编织。

3
从大拇指位置挑针，编织大拇指。

4
挑起针剩余的锁针半针，编织扭针的短针。

（收尾）
挑起扭针的短针剩余的半针，编织接合锁7针的线袢（参照第7页）。

**作品17、18**

1
锁针起针，引拔成环状。挑起锁针的里山，编织花纹针。

2
作品17的大拇指位置共线锁5针起针，第11行挑起此锁针的里山编织。

（收尾）
作品18对折上侧的引针部分。

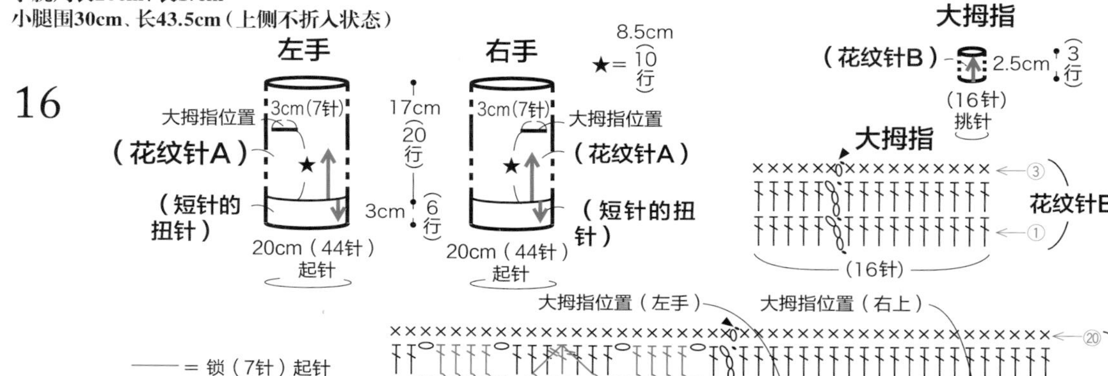


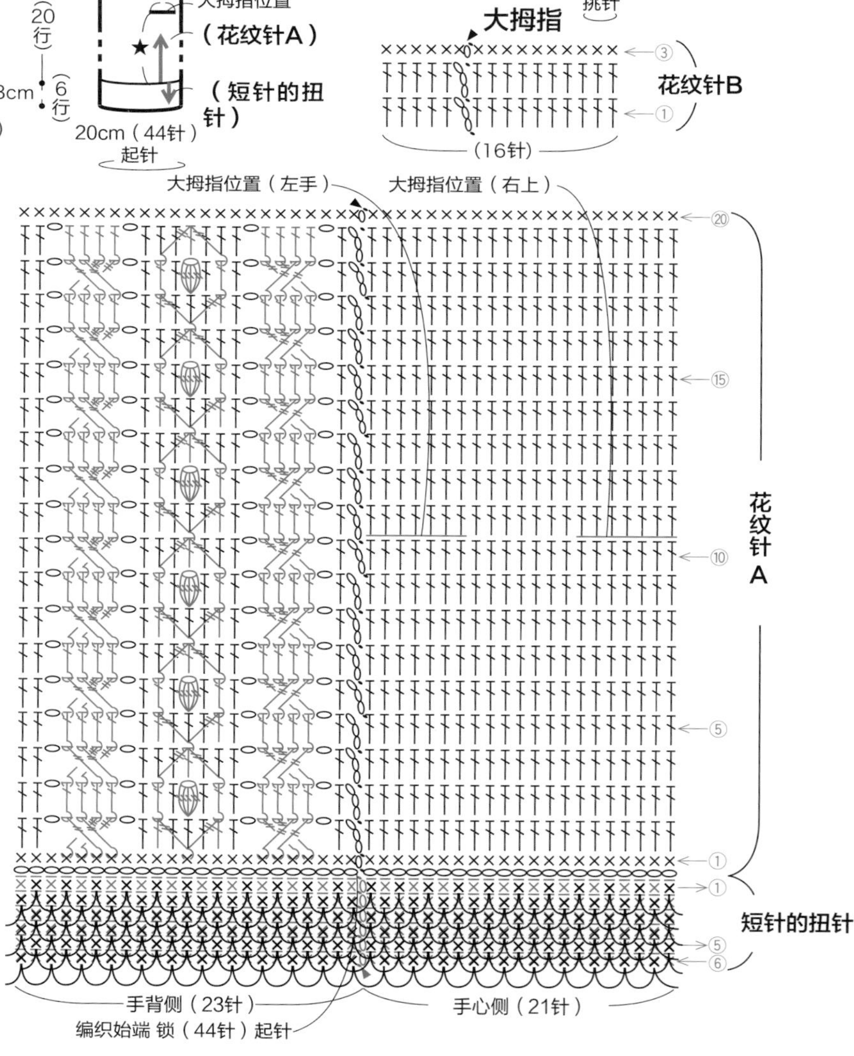


表引加长针左上2针交叉的编织方法

1.跳过2针的第3针侧编织表引加长针。
2.第4针侧编织表引加长针。
3.通过的针圈的第1针侧，从步骤1及2编织的针圈外侧编织表引加长针。
4.跳过的第2针侧，从步骤1及2编织的针圈外侧编织表引加长针。

表引加长针右上2针交叉的编织方法

1.跳过2针的第3针侧编织表引加长针。
2.第4针侧编织表引加长针。
3.通过的针圈的第1针侧，从步骤1及2编织的针圈内侧编织表引加长针。
4.跳过的第2针侧，从步骤1及2编织的针圈内侧编织表引加长针。

17

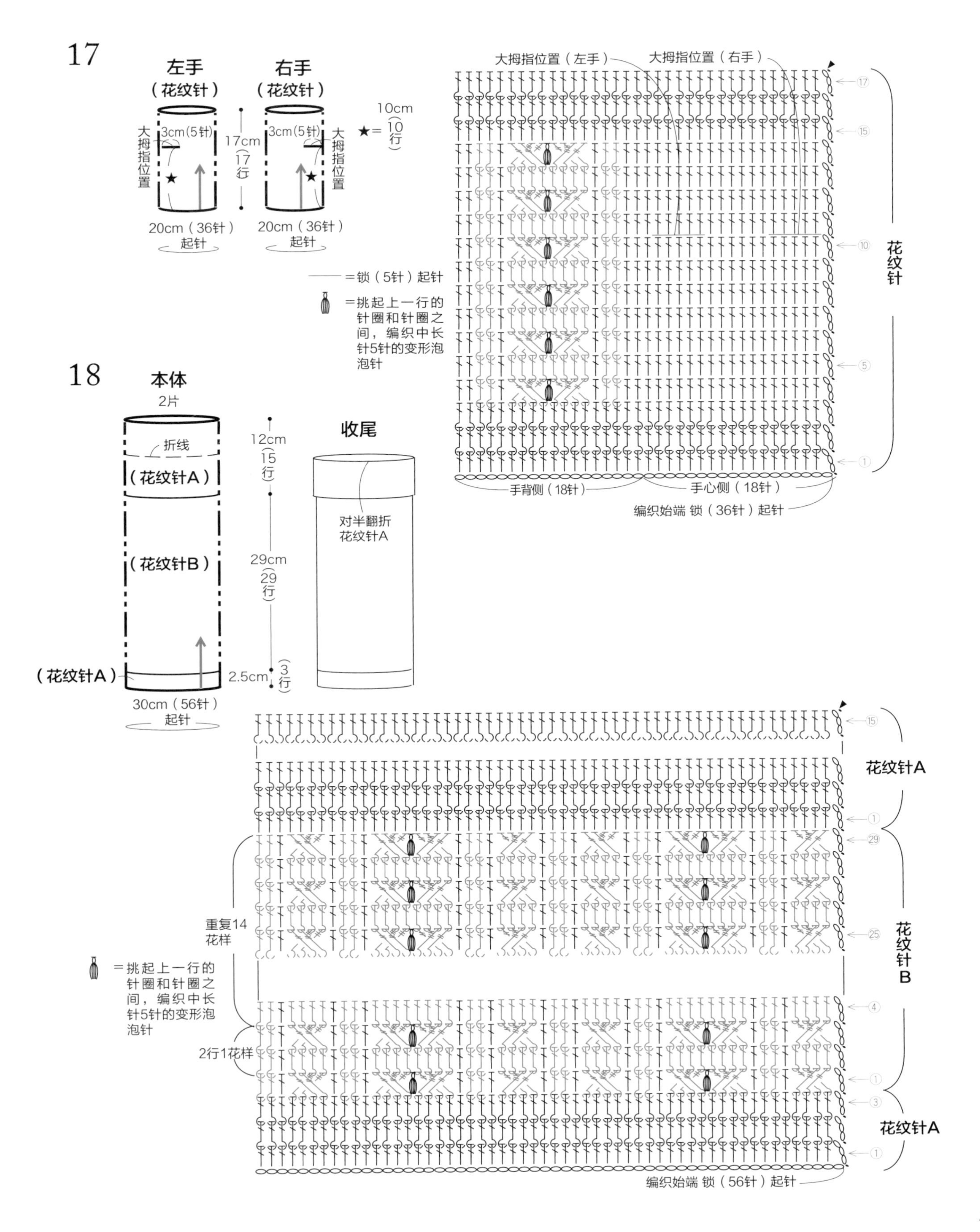

左手
（花纹针）
右手
（花纹针）
3cm(5针)
大拇指位置
17cm
（17行）
★
★=
10cm
（10行）
20cm（36针）
起针
——=锁（5针）起针
=挑起上一行的针圈和针圈之间，编织中长针5针的变形泡泡针
大拇指位置（左手）
大拇指位置（右手）
花纹针
手背侧（18针）
手心侧（18针）
编织始端 锁（36针）起针
18
本体
2片
折线
（花纹针A）
（花纹针B）
12cm
（15行）
29cm
（29行）
2.5cm
（3行）
30cm（56针）
起针
收尾
对半翻折
花纹针A
花纹针A
花纹针B
重复14花样
2行1花样
编织始端 锁（56针）起针

# Aran
## leg warmers
## 护腿

19

**足部保暖，还有精美的阿伦花样！粗花呢的护腿多彩缤纷。**

**作品 19 为长款，作品 20 和作品 21 是短款，作品 22 还可用于装饰鞋口。**

编织方法/第 30 页　设计 & 编织/今村曜子

# 19 ～ 22

## 阿伦图案　护腿

图片／第 28、29 页

材料和工具

线　HAMANAKA 艾伦粗花呢
作品19　米色（2）235g
作品20　蓝色（13）110g
作品21　粉色（5）90g
作品22　原色（1）90g

针　作品19～21 钩针7/0号、8/0号
　　作品22 钩针8/0号

成品尺寸

作品19　小腿围31cm、长40cm
作品20　小腿围31cm、长17.5cm
作品21　小腿围31cm、长16cm
作品22　小腿围31cm、长（不折入状态）14cm

编织方法步骤

**作品19～21**

1
锁针起针，引拔成环状。挑起锁针的半针及里山，编织短针。

2
接着，每行改变编织方向，分别编织花纹针。

（收尾）
挑起针剩余的半针，编织短针或边缘针。
作品19编织绳带、缝接穗饰，并穿入本体。

**作品22**

1
锁针起针，引拔成环状。挑起锁针的半针及里山，编织花纹针。

2
至15行之前，每行改变方向编织。

（收尾）
如图片所示对齐鞋口，折入内侧盖住鞋口。

## 21

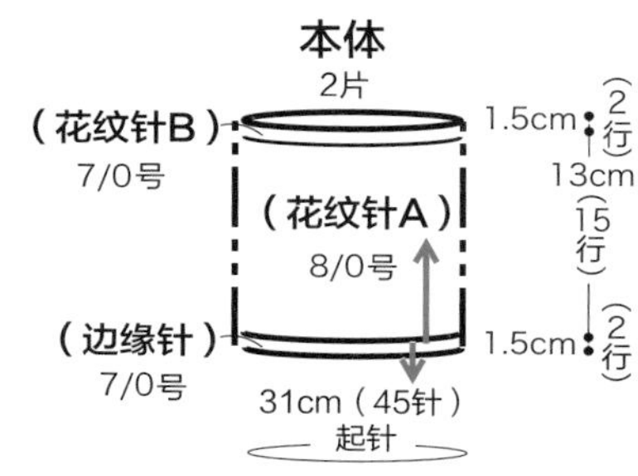


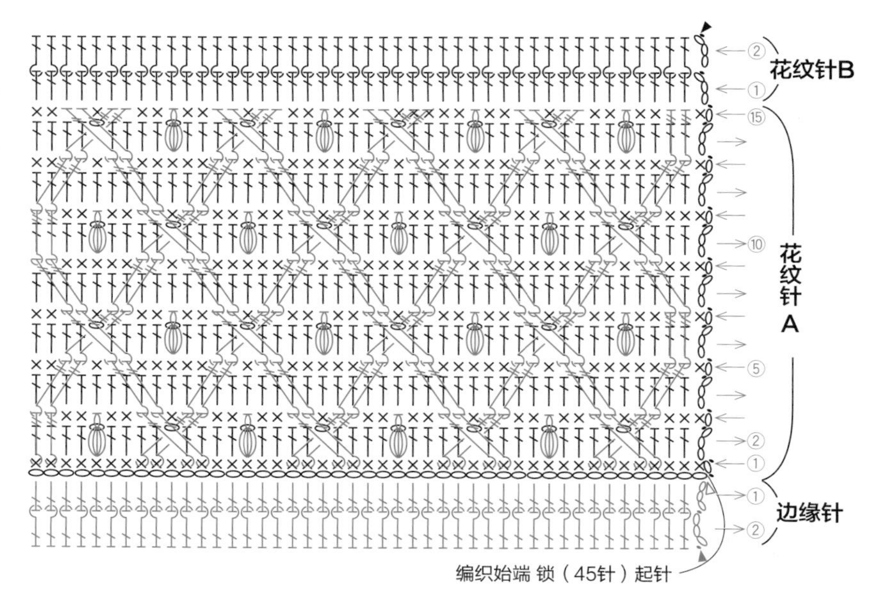


＊表引加长针2针右上交叉
（之间短针1针）的编织方法参照第35页

## 22

本体
2片
（花纹针）
8/0号
14cm
16行
31cm（48针）
起针

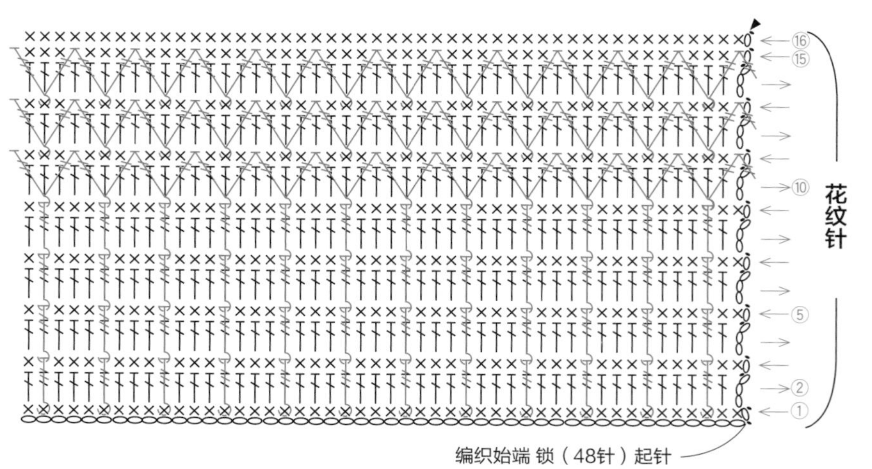


＊表引加长针2针并1针的编织方法
参照第35页

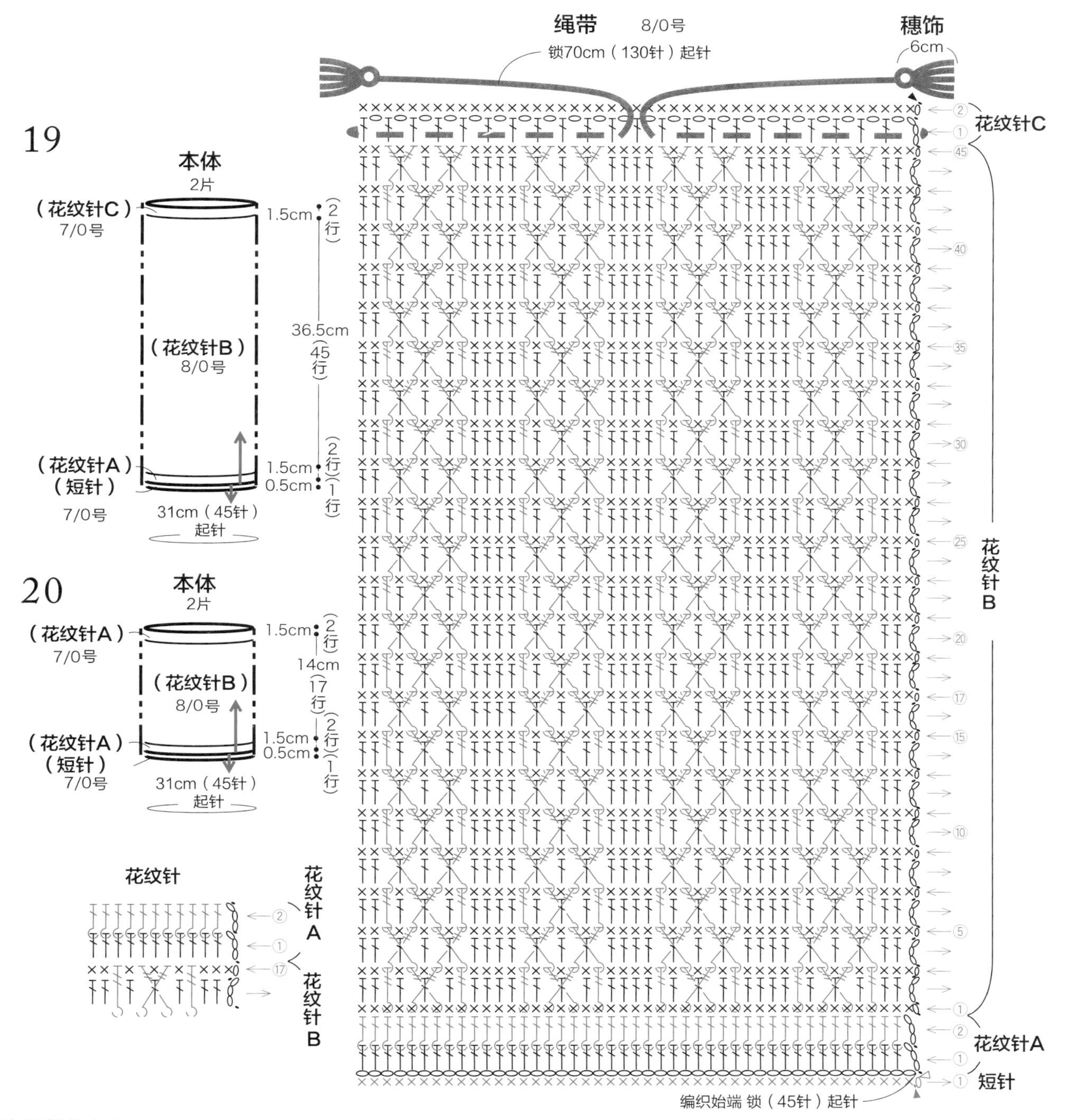


## 穗饰的制作方法

1
准备 14cm 同色线 20 根，中央绕线 2 次打结（用鲜艳颜色方便看清）。

2
中央对折，用同色线距结头 1cm 位置打结。

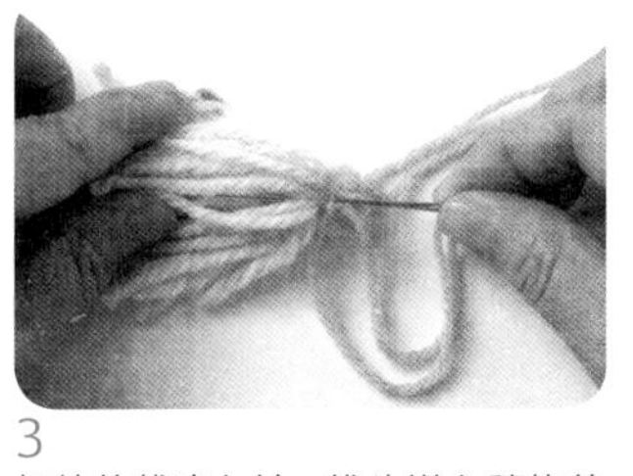

3
打结的线穿入针，线头送入穗饰的本体。

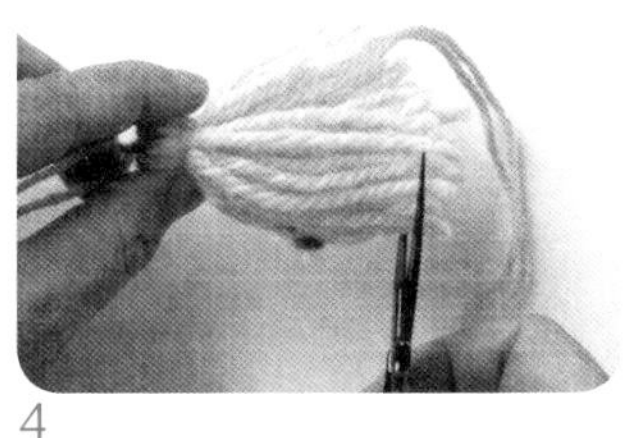

4
打结的线一起裁剪整齐，完成。

# Fair isle

## hand warmers

## 护手

**作品 23 是含大拇指部分的长款，作品 24 ~ 26 是装饰感强的短款。**
**作品 25 及 26 手心和手背的花样不同，尽显配色奇妙。**

编织方法／作品 23、24　第 34、25、26 页　第 58 页　设计／河合真弓　编织／栗原由美

# 23,24

## 费尔岛图案　护手

图片/第 32、33 页

### 材料和工具

线　HAMANAKA 艺丝羊毛（L）
作品23　红褐色（234）25g、紫色（216）、水蓝色（223）各10g、白色（201）、卡其色（221）、松石蓝（242）、蓝色（225）各5g
DARUMA手编线小卷Café Demi
作品24　深褐色（25）15g、浅褐色（11）10g、原色（9）、橙色（7）、褐色（12）各5g

针　作品23 钩针4/0号针、作品24 钩针2/0号

### 成品尺寸

作品23　手腕周长20cm、长15.5cm
作品24　手腕周长20cm、长12cm

### 编织方法步骤

作品 23

1
锁48针起针，引拔成环状。挑起锁针的半针及里山，编织短针。
2
接着，编织短针的扭针编入花样。
3
第22行的大拇指位置锁8针开孔。第23行挑起锁针的半针及里山编织。
4
从大拇指位置挑针，编织短针的扭针。
（收尾）
本体的编织始端及编织末端、大拇指的编织末端侧，用紫色线编织引拔针调整。

作品 24

1
锁64针起针，引拔成环状。挑起锁针的半针及里山，编织短针。
2
接着，编织短针的扭针编入花样。
3
第18行的大拇指位置另锁10针起针，挑起锁针的半针及里山编织。
4
编织末端逆短针。
（收尾）
挑起起针的剩余半针，编织逆短针。从大拇指位置挑针，编织逆短针调整。

# 23

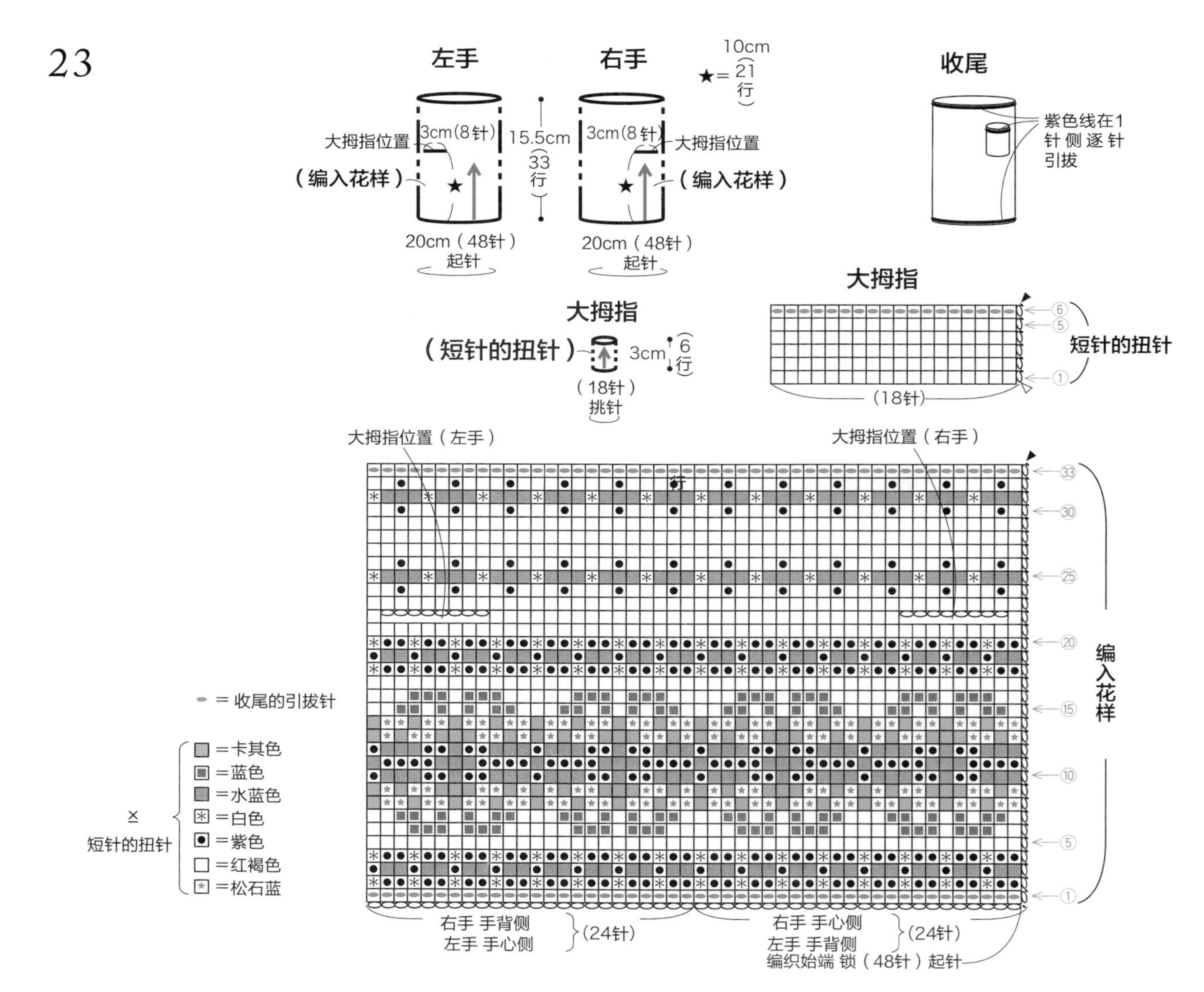

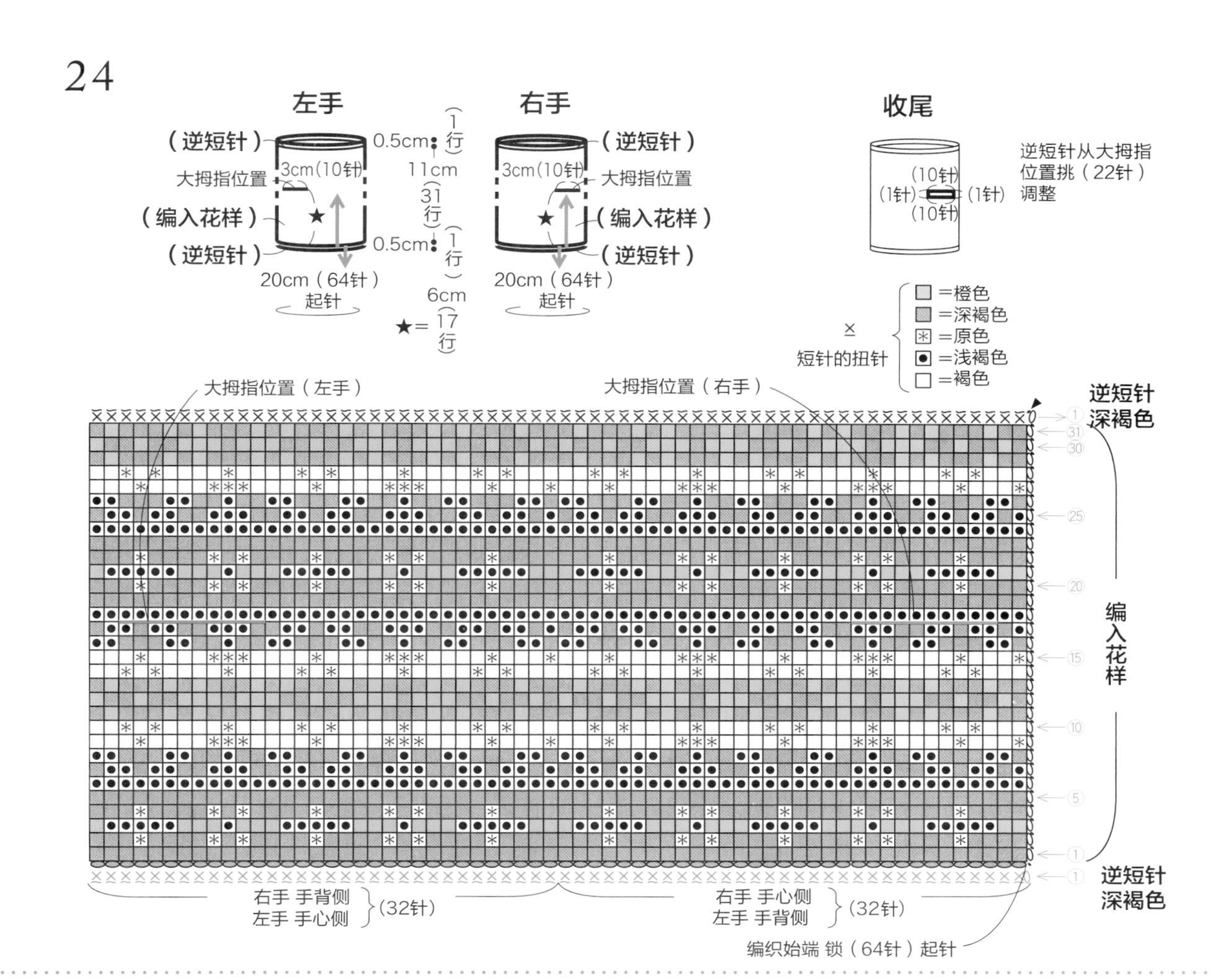


## 表引加长针 2 针右上交叉(之间短针 1 针)

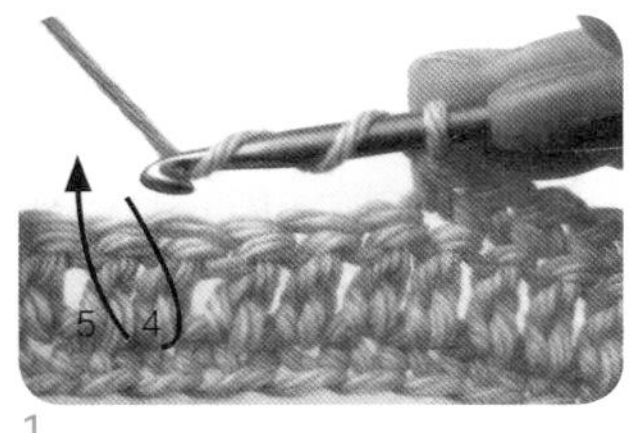


1
挂线于针 2 次，如箭头所示，入针于第 1 行短针跳过 3 针的第 4 针底部，编织表引加长针。

2
第 5 针底部同样编织表引加长针。

3
编织 1 针短针，挂线于针 2 次。从之前编织的 2 针内侧，在步骤 1 成品侧编织表引加长针。步骤 2 成品侧，按相同要领编织表引加长针。

4
表引加长针 2 针右上交叉(之间短针 1 针)完成。

## 表引加长针 2 针并 1 针

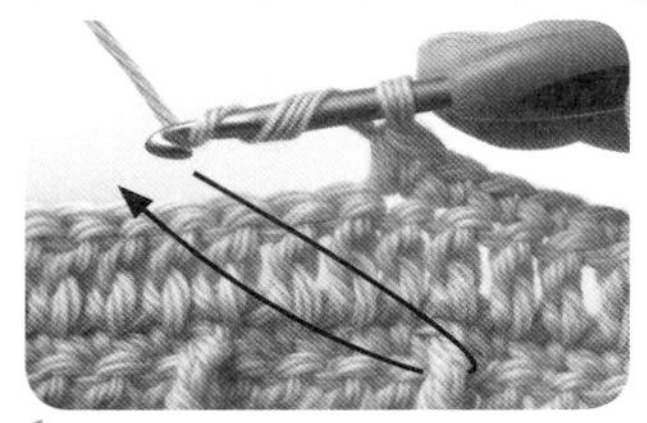

1
挂线于针 2 次，如箭头所示入针于下一行表引加长针的底部，编织未完成的表引加长针。

2
再次挂线于针 2 次，如箭头所示入针，编织未完成的表引加长针。

3
挂线于针，剩余的 3 线袢一并引拔。

4
表引加长针 2 针并 1 针完成。

# Fair isle

wrist warmers

护腕

编织线若隐若现的彩色花样。使用 5g 的小卷毛线，正好将费尔岛图案的多彩、细腻展现出来。
相同花样的护腕左右区别配色的自由设计，可以有丰富的款式。

编织方法／第 38 页　设计 & 编织／本间幸子

# 27 ~ 30

## 费尔岛图案 护腕

图片/第36、37页

### 材料和工具

线 DARUMA手编线 小卷Café Demi
各种颜色、使用量参照图示

针（通用） 钩针3/0号

### 成品尺寸（通用）

手腕周长19cm、长15~15.5cm

### 编织方法步骤

〈通用〉

1
锁60针起针，引拔成环状。挑起锁针的半针及里山，编织短针。

2
接着，编织短针的扭针编入花样。

## 27

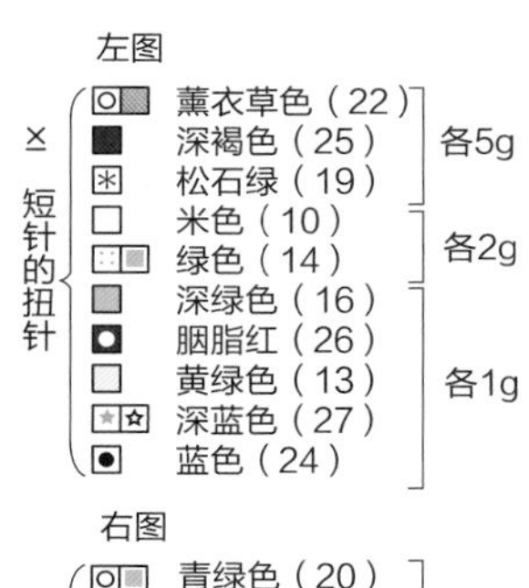


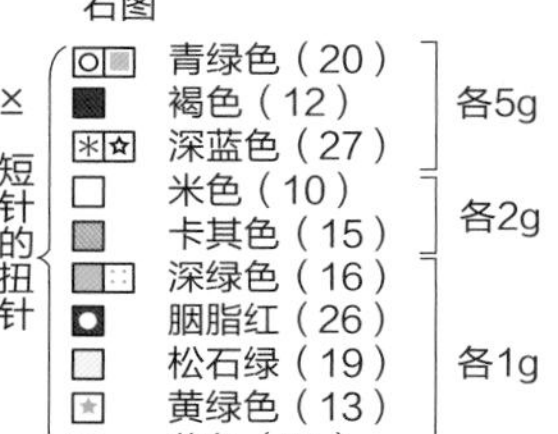


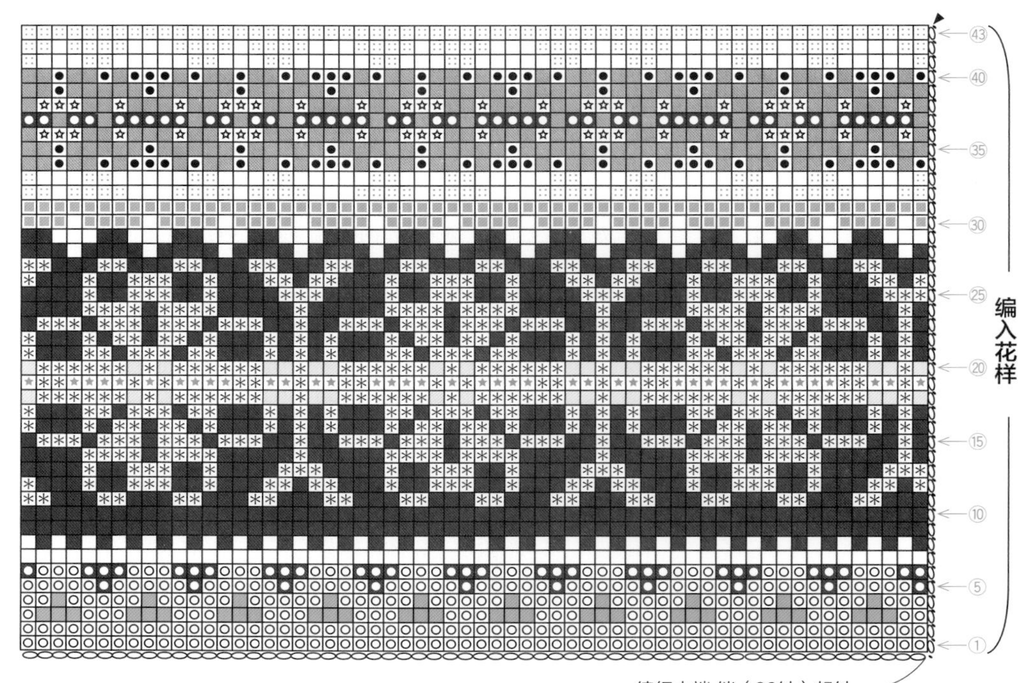


## 28

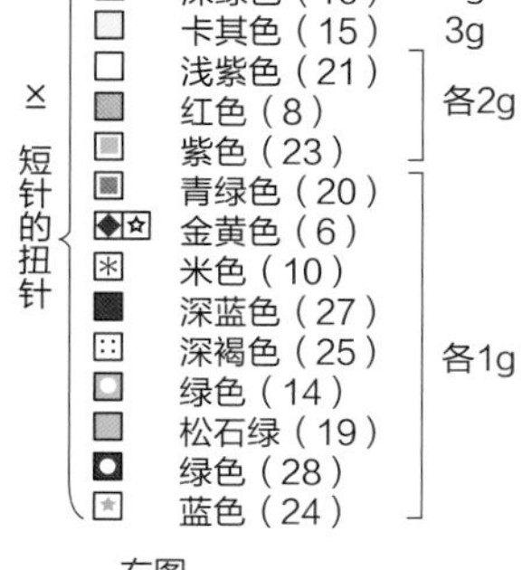


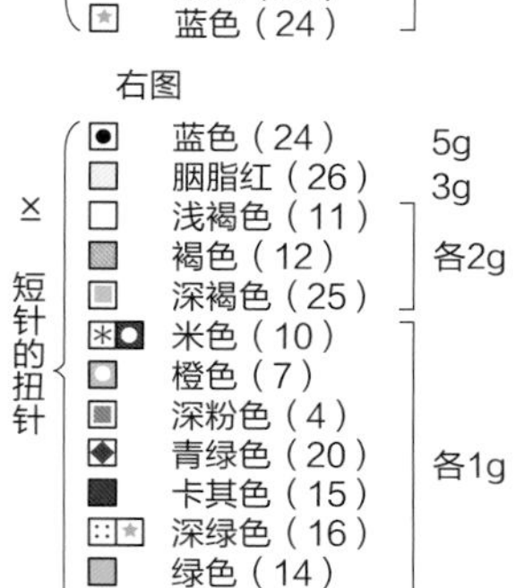


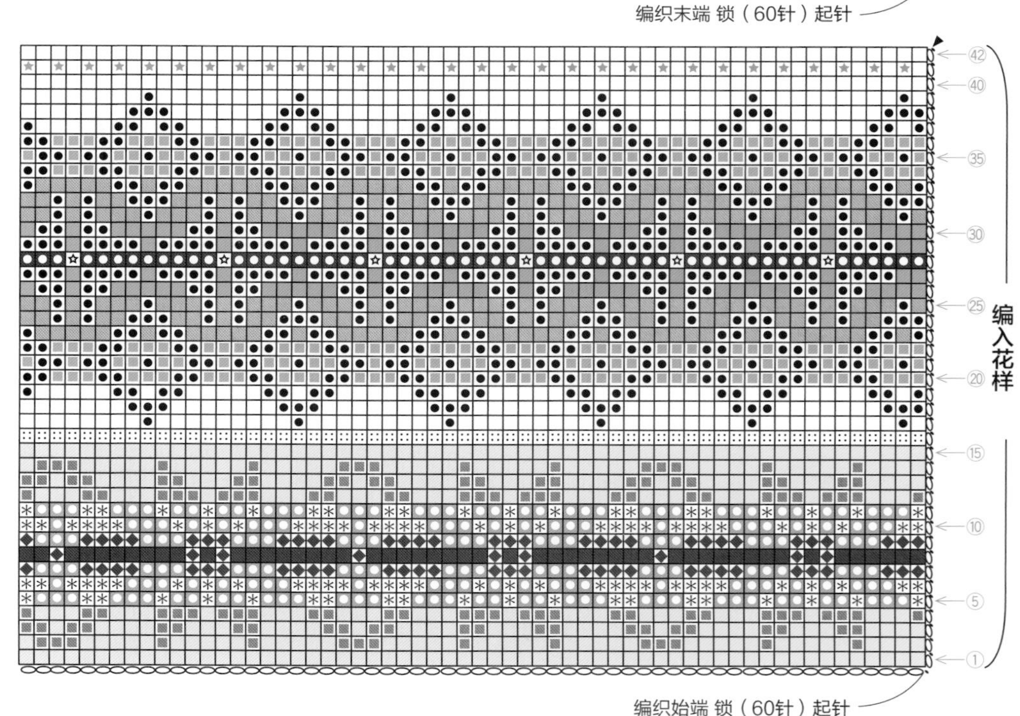

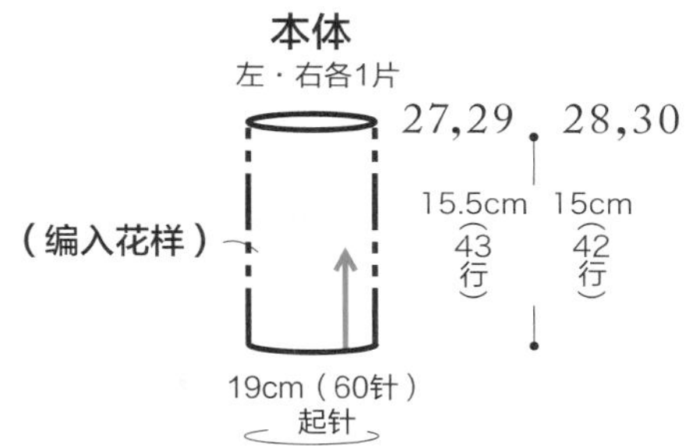
本体
左・右各1片
27,29 . 28,30
（编入花样）
15.5cm
（43行）
15cm
（42行）
19cm（60针）
起针

# 29

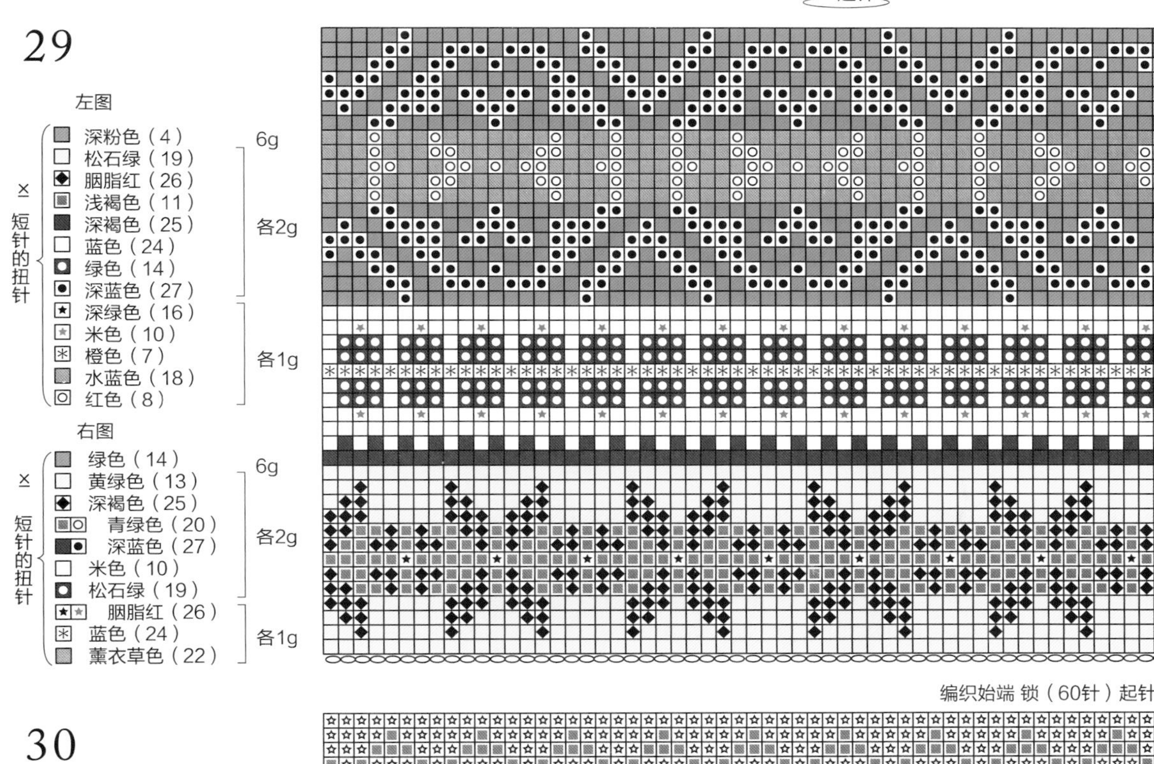
左图
×短针的扭针
深粉色（4） 6g
松石绿（19）
胭脂红（26）
浅褐色（11）
深褐色（25）
蓝色（24）
绿色（14）
深蓝色（27） 各2g
深绿色（16）
米色（10）
橙色（7）
水蓝色（18）
红色（8） 各1g
右图
×短针的扭针
绿色（14） 6g
黄绿色（13）
深褐色（25）
青绿色（20）
深蓝色（27）
米色（10）
松石绿（19） 各2g
胭脂红（26）
蓝色（24）
薰衣草色（22） 各1g
43
40
35
30
25
20
15
10
5
1
编入花样
编织始端 锁（60针）起针

# 30

左图
×短针的扭针
米色（10） 4g
绿色（14）
松石绿（19）
胭脂红（26） 各3g
蓝色（24）
浅褐色（11） 各2g
深绿色（16）
紫色（23）
深蓝色（27） 各1g

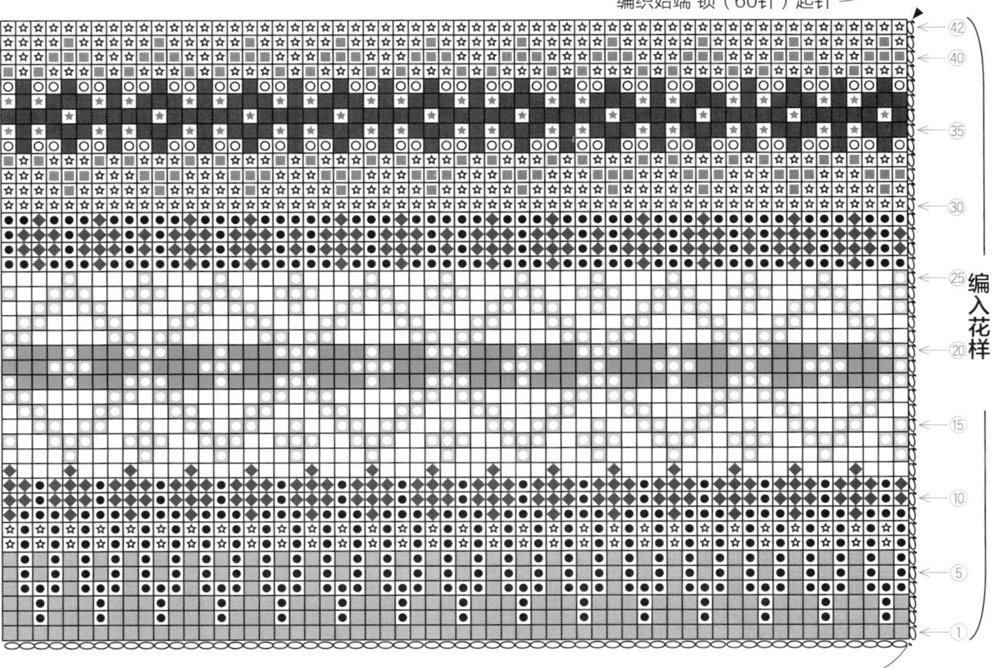
42
40
35
30
25
20
15
10
5
1
编入花样
编织始端 锁（60针）起针

右图
×短针的扭针
薰衣草色（22）
深绿色（16） 各4g
深蓝色（27）
青绿色（20） 各3g
深褐色（25）
米色（10） 各2g
砖红色（3）
卡其色（15）
松石绿（19）
浅褐色（11） 各1g

# Fair isle + One

## hand warmers & leg warmers

**护手 & 护腿**

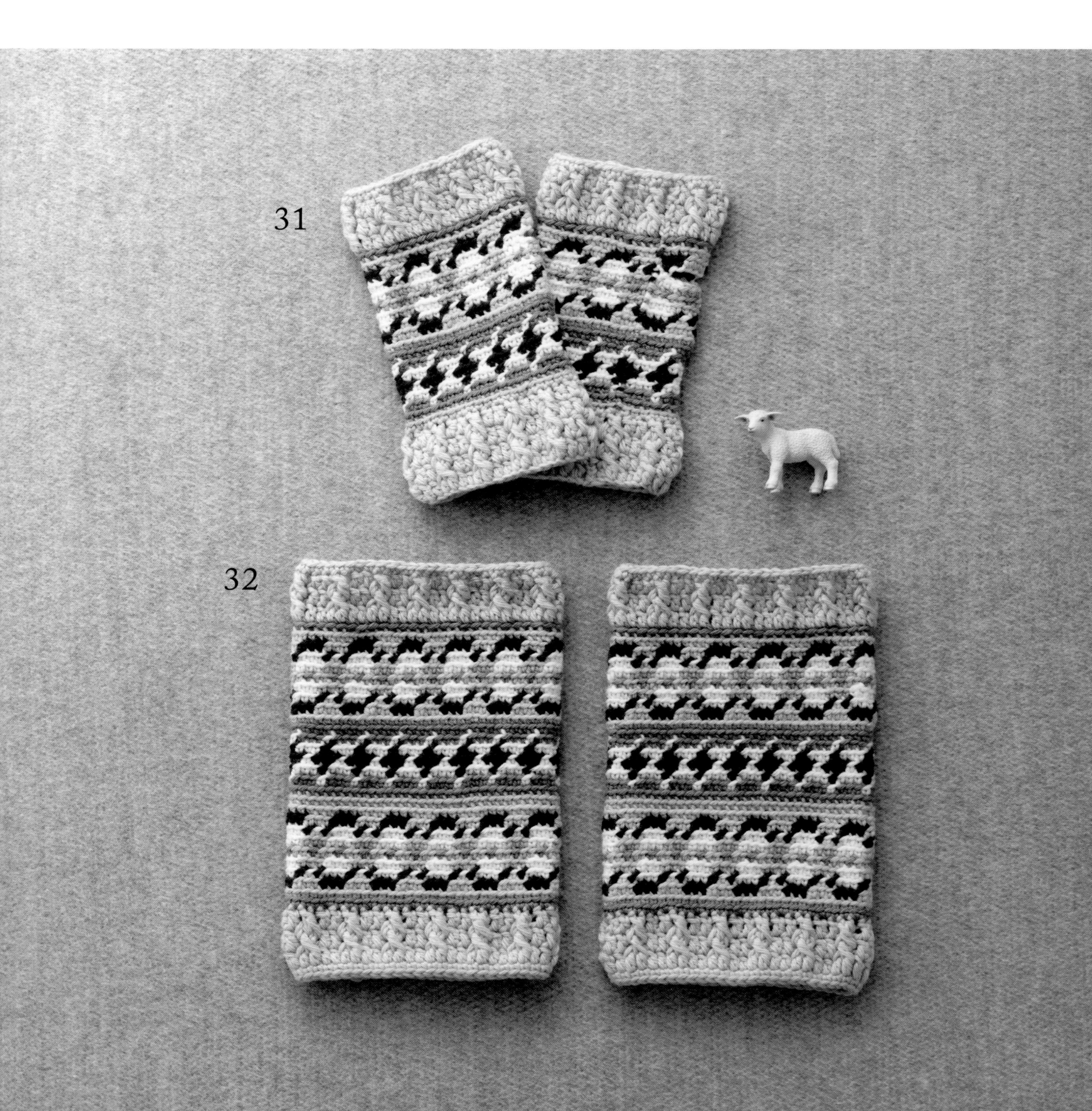

费尔岛图案搭配扭花图案的护手和短款的护腿。
清爽的绿色系和甜美的粉色系，正是冬日里的一抹暖色。

编织方法/第 **42** 页　设计/冈真理子　编织/大西双叶

# 31 ~ 33

## 费尔岛图案+ One
## 护手 & 护腿

图片/第 40、41 页

材料和工具

线 HAMANAKA 艺丝羊毛（L）
作品31 黄绿色（337）40g、绿色（345）、白色（301）、深蓝色（324）、芥末黄（316）各10g
作品32 黄绿色（337）60g、白色（301）25g、绿色（345）、蓝色（324）各20g、芥末黄（316）15g
作品33 粉色（342）40g、红色（335）、白色（301）、深褐色（305）、砖红色（343）各10g

针（通用） 钩针6/0号、7/0号

成品尺寸

作品31,33 手腕周长20cm、长18cm
作品32 小腿围30cm、长23.5cm

编织方法步骤

＊参照记号图加减针编织（通用）

作品31、33

1
钩针6/0号锁40针起针，引拔成环状。挑起锁针的里山，编织花纹针。

2
编入花样部分替换成7/0号钩针，编织短针的扭针。大拇指位置锁6针开孔。下一行挑起锁针的半针及里山编织。

3
花纹针替换成6/0号钩针编织。

作品32

1
钩针6/0号锁52针起针，引拔成环状。挑起锁针的里山，编织花纹针。

2
编入花样部分替换成7/0号钩针，编织短针的扭针。花纹针替换成6/0号钩针编织。

3
从起针挑针，编织1行短针调整。

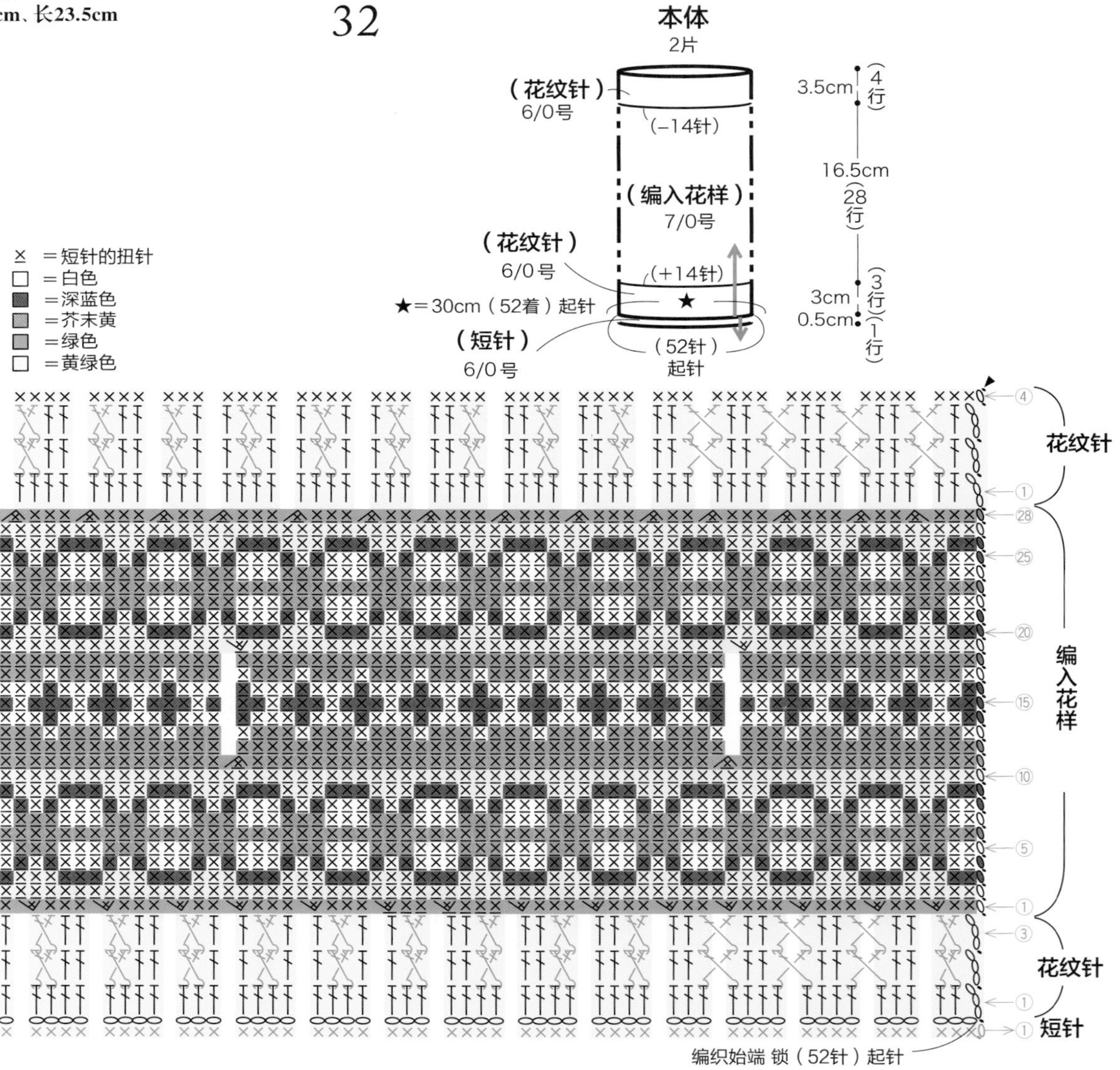

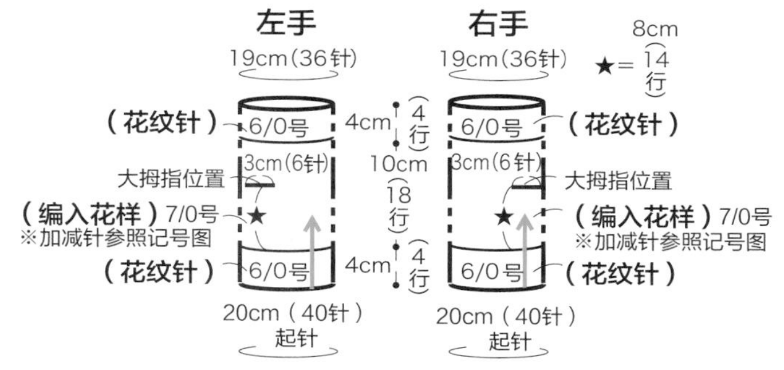


# 31、33

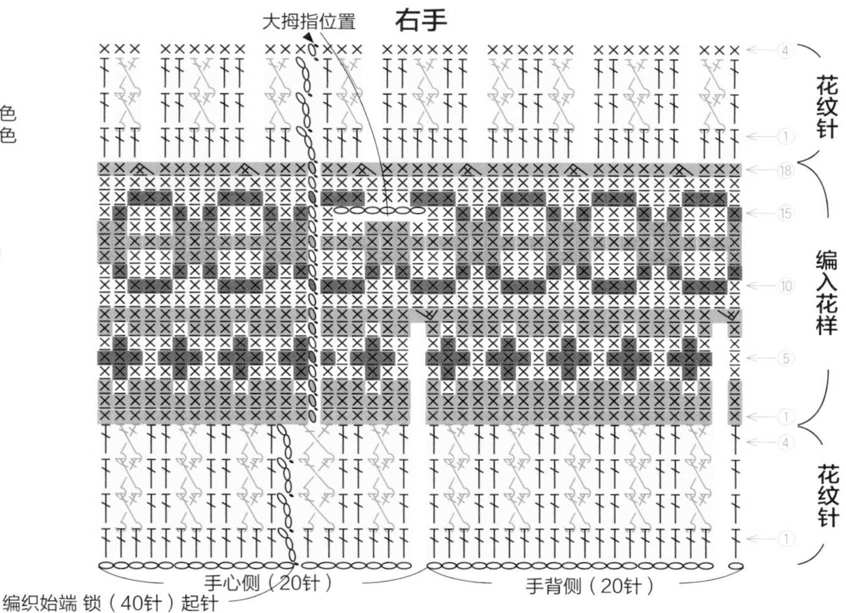


- × ＝短针的扭针
- □ ＝白色(通用)
- ■ ＝作品31 深蓝色 作品33 深褐色
- ▨ ＝作品31 芥末黄 作品33 砖红色
- ▩ ＝作品31 绿色 作品33 红色
- □ ＝作品31 黄绿色 作品33 粉色

表引加长针1针右上交叉的编织方法

1. 挂线于针，跳过1针的针圈侧编织表引长针。
2. 挂线于针，步骤1跳过的针圈侧，从步骤1编织的针圈内侧编织表引长针。

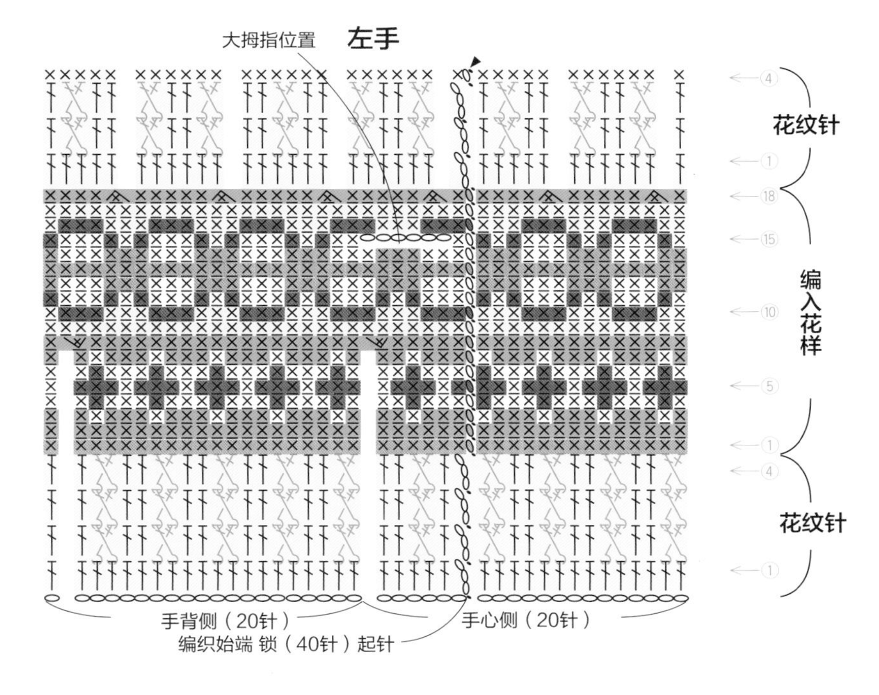

# Fair isle

leg warmers
护腿

34

腿部增添华丽色彩的费尔岛图案护腿。反面过线一并编织包住，保暖舒适。
几乎没有伸缩性，编织时应对应腿部尺寸。

编织方法／第 46 页　设计 & 编织／作品 34 今村曜子、作品 35 大人手艺部

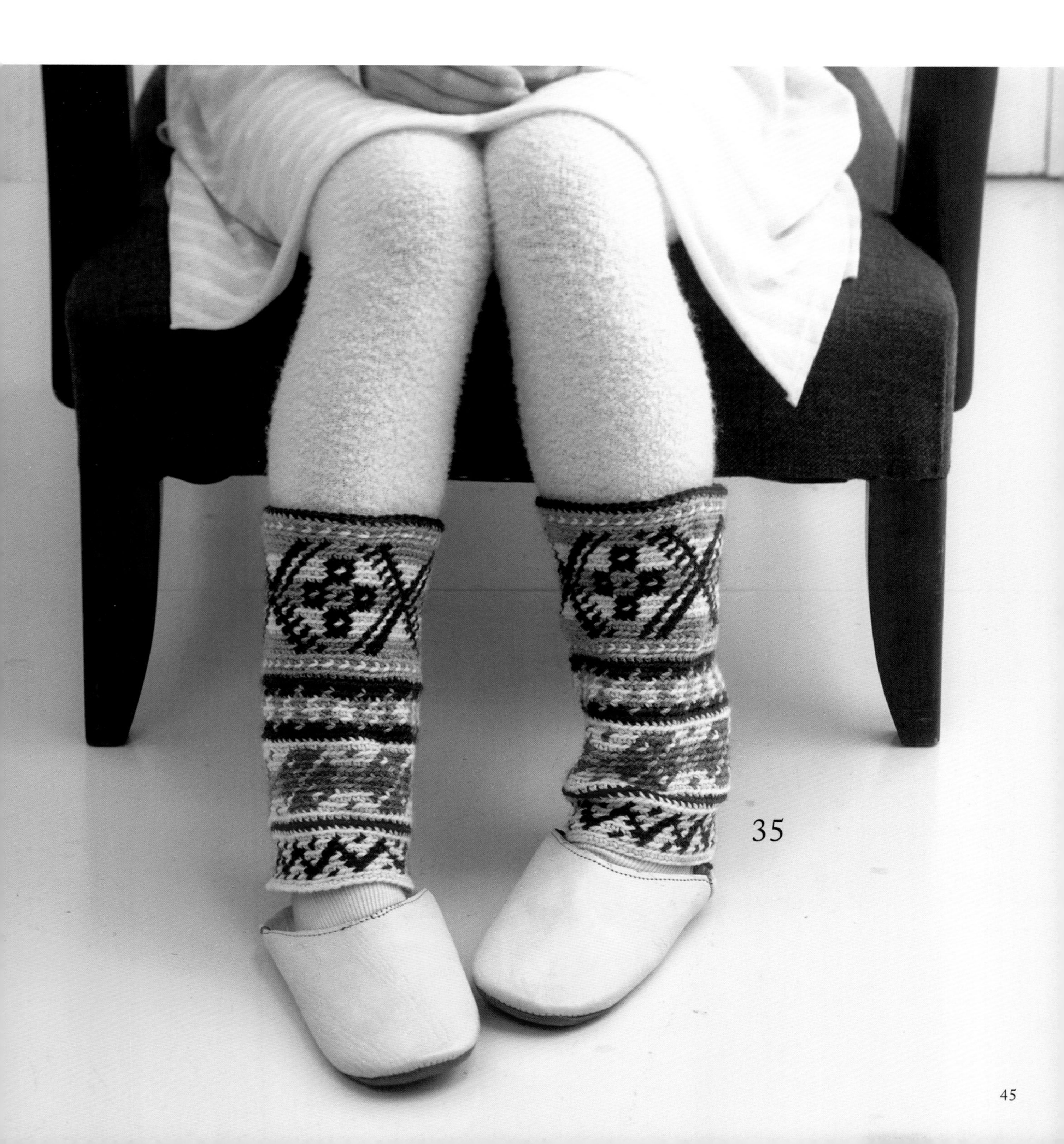

35

# 34、35

## 费尔岛图案　护腿

图片/第 44、45 页

### 材料和工具

**作品34**
线　HAMANAKA 艺丝羊毛（L）
米色（302）85g、白色（301）、绿色（345）、橙色（344）各55g

针　钩针6/0号、7/0号

**作品35**
线　DARUMA手编线 美利奴（L）
原色（2）35g、深褐色（10）20g、米色（4）15g、粉色（7）、深蓝色（14）、黄绿色（5）、水蓝色（8）各10g、胭脂红（11）5g

针　钩针7/0号

### 成品尺寸

作品34　小腿围32cm、长41cm
作品35　小腿围30cm、长23cm

### 编织方法步骤

**作品34**

1
钩针6/0号锁64针起针，引拔成环状。挑起锁针的半针和里山，编织花纹针。

2
替换成7/0号钩针，编织72行短针的扭针编入花样。

3
再替换成6/0号钩针，编织花纹针。

**作品35**

1
锁60针起针，引拔成环状。挑起锁针的半针和里山，编织花纹针。

2
接着，编织短针的扭针编入花样。

35

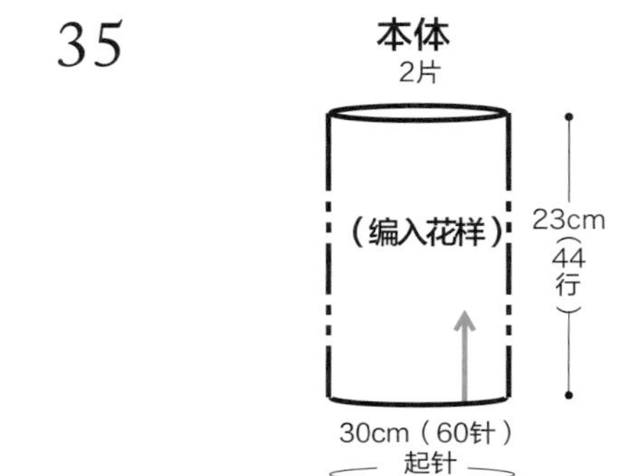

34

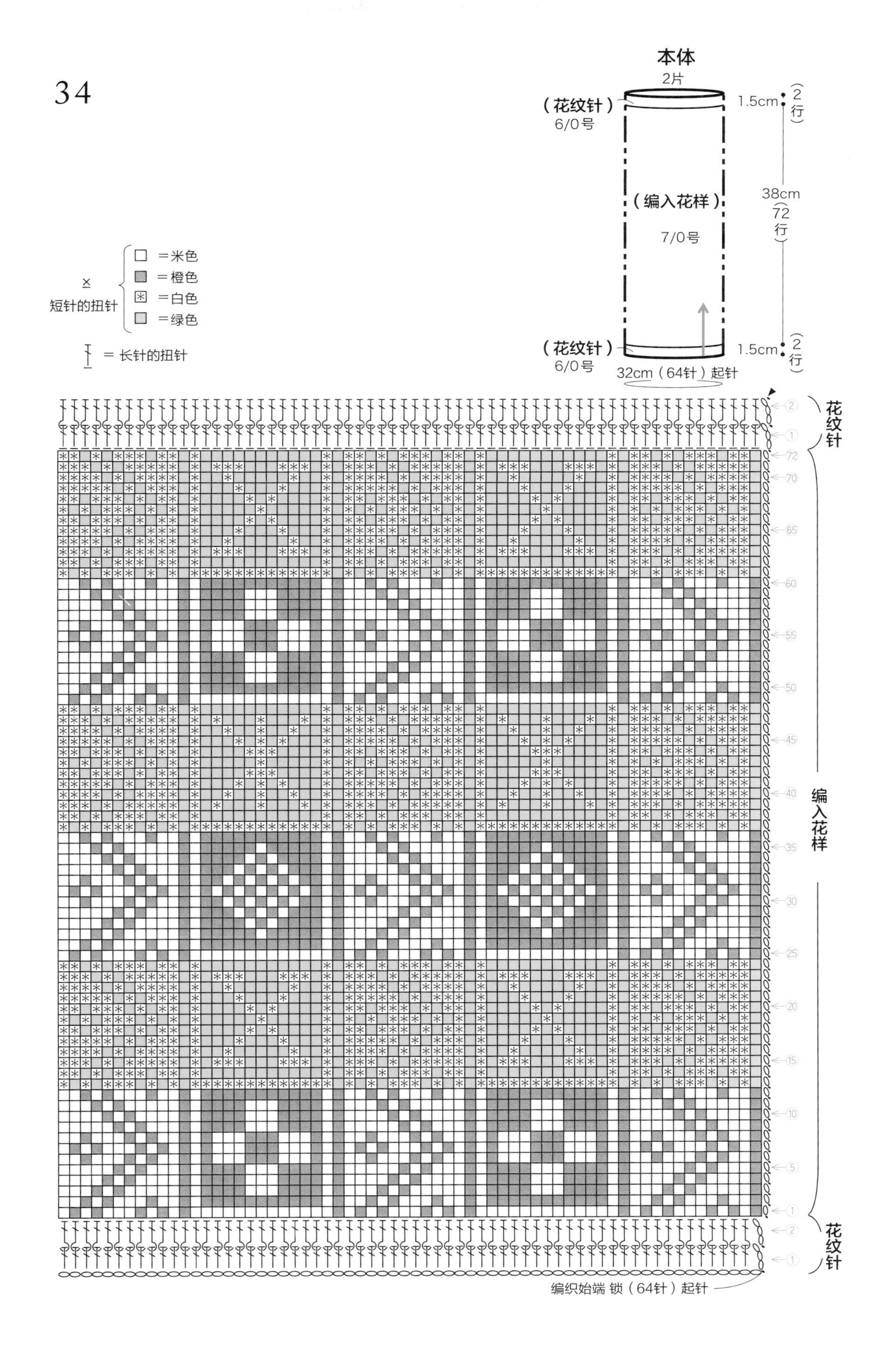

本体
2片
（花纹针）
6/0号
1.5cm
2行
（编入花样）
7/0号
38cm
72行
（花纹针）
6/0号
1.5cm
2行
32cm（64针）起针
× 短针的扭针
□ ＝米色
■ ＝橙色
⊠ ＝白色
▒ ＝绿色
＝长针的扭针
花纹针
编入花样
花纹针
编织始端 锁（64针）起针

# Beads

## hand warmers & wrist warmers

**护手 & 护腕**

36

**棒针的起伏针，用穿入珠子的线编织下针。**

**平针编织订缝成环状时大拇指成形部分打开，即可轻松完成护手。**

编织方法/第 50 页　重点教程（应用作品）/第 52 页　设计 & 编织/小濑千枝

# 36 ～ 39

## 珠子
## 护手 & 护腕

图片/第 48、49 页
重点教程/第 52 页

材料和工具
线　HAMANAKA 纯毛中细
作品36　黑色（30）30g
作品37　黑色（30）30g
HAMANAKA 艺丝羊毛（L）
作品38　红色（355）40g
作品39　白色（301）40g

针　作品36、37 棒针1号、钩针2/0号
作品38、39 棒针3号、钩针4/0号

珠子　参照图示

成品尺寸
作品36,37　手腕周长19cm、长13cm
作品38,39　手腕周长18cm、长12cm

编织方法步骤
〈通用〉
＊参照第52页的应用作品的编织方法编织。
1
所需数量的珠子穿入线中（如有配色，按编织顺序穿入）。
2
按钩针起针的方法（第52页），在棒针侧起针。
3
每行不编织端部针圈，滑针编织下针，按奇数行编入珠子。
4
编织末端伏针固定。

（收尾）
编织末端和编织始端，看着正面卷针拼接。

※作品37的编织图见55页，作品39的编织图见57页。

## 38

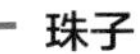

珠子
圆珠约4mm（黄绿色）384颗
圆珠约4mm（黄色）288颗
圆珠约4mm（白色）440颗

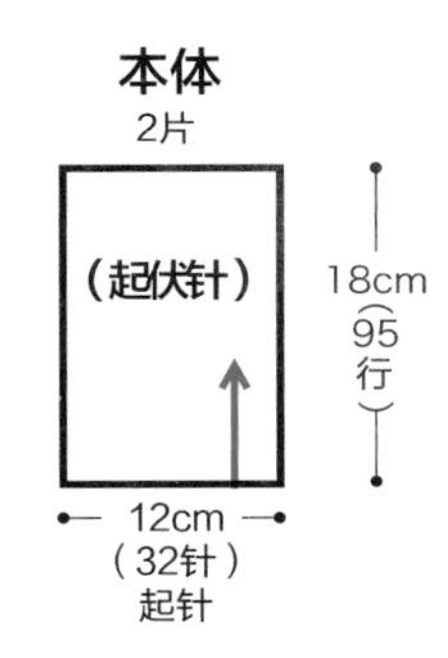


收尾

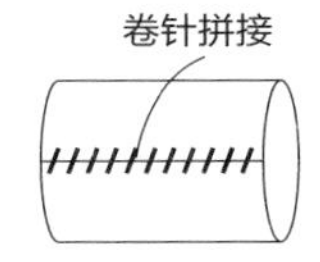


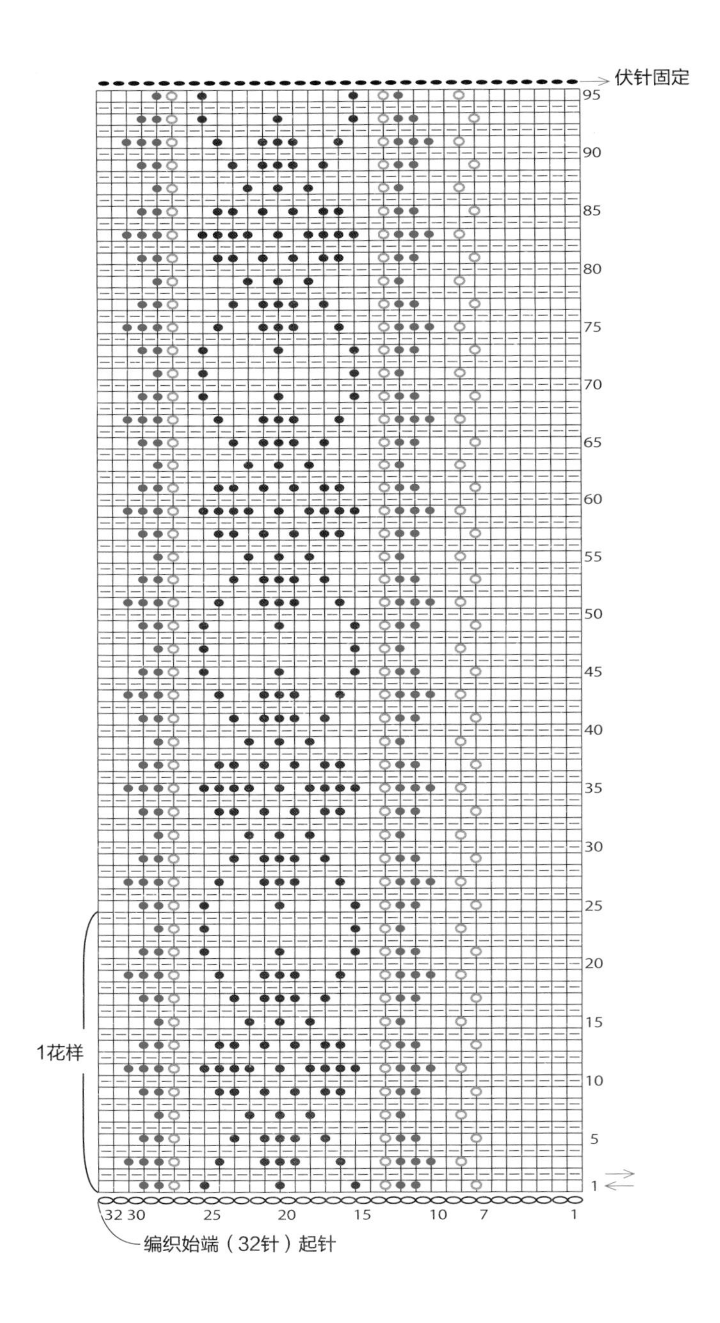


□ =下针
● =珠子编入位置（黄绿色）
○ =珠子编入位置（黄色）
● =珠子编入位置（白色）
＊珠子出于反面（反面用作正面）

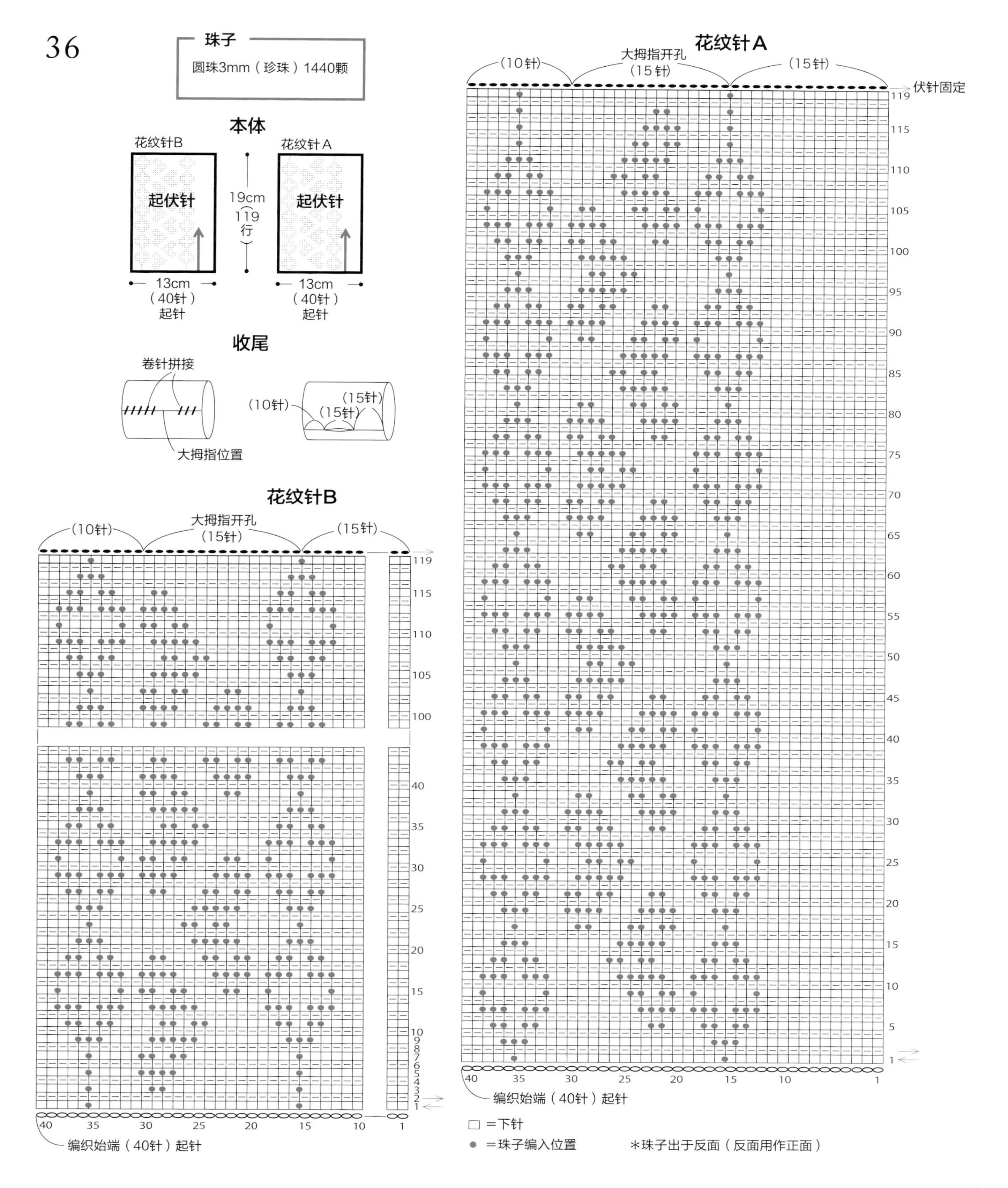
36
珠子
圆珠3mm（珍珠）1440颗
本体
花纹针B
花纹针A
起伏针
起伏针
19cm
119行
13cm
（40针）
起针
13cm
（40针）
起针
收尾
卷针拼接
大拇指位置
（10针）
（15针）
（15针）
花纹针B
（10针）
大拇指开孔
（15针）
（15针）
编织始端（40针）起针
花纹针A
（10针）
大拇指开孔
（15针）
（15针）
伏针固定
编织始端（40针）起针
□ ＝下针
● ＝珠子编入位置
＊珠子出于反面（反面用作正面）

## 作品 36 ～ 39 应用作品 图片 / 第 48、49 页 编织方法 / 第 54 页

36～39
通过更简单的作品，说明护手和护腕作品的编织方法（本款护腕的材料及制作图见第54页）。
本款作品使用棒针编织。花样为起伏针，每行仅编织下针。
编织时，珠子从反面出来。"编织至能看见珠子的行时，不加珠子且仅编下针；编织看不见珠子的行时，编入珠子。"
只要记住诀窍就能轻松完成。

### 珠子穿入毛线

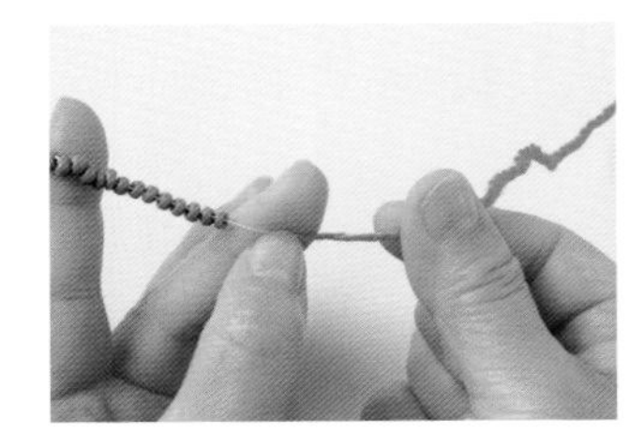

1
作品中，将所需数量的珠子均穿入编织线。使用穿入线的珠子，线头涂抹手工胶水，同描线的线头粘合。

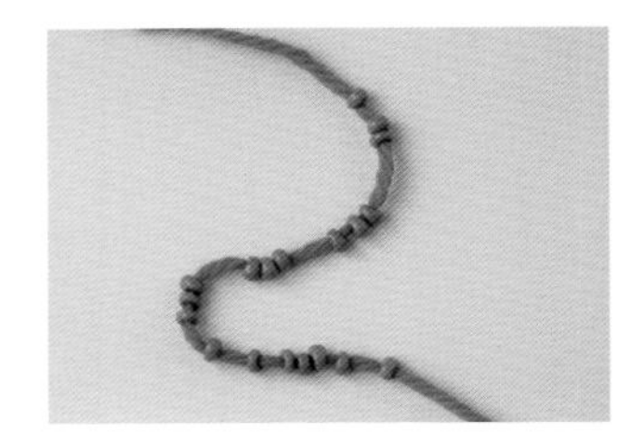

2
待胶水干固，将珠子移动至毛线。有些珠子的形状不规整，可多穿入一些珠子。最后，用钳子将形状不规整的珠子夹碎剔除。

### 起针（钩针起针的方法用于棒针）

1
钩针制作锁 1 针。

2
棒针按照图示，如箭头所示挂线于钩针。

3
引拔。

4
起针 1 针完成。

5
重复"线置于棒针的外侧，挂线于钩针引拔"。

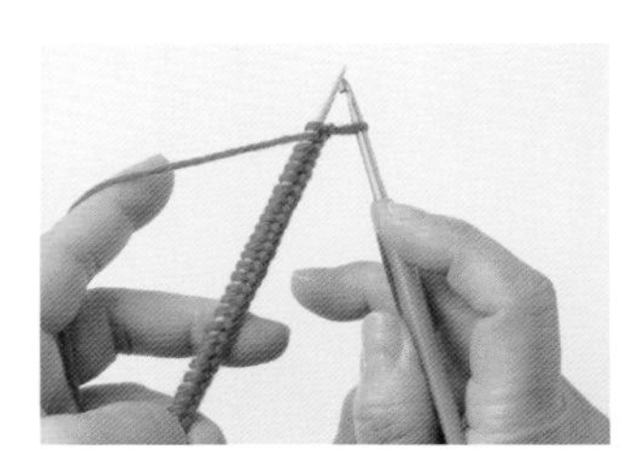

6
按所需针数少 1 针的数量起针（本作品为 31 针）。

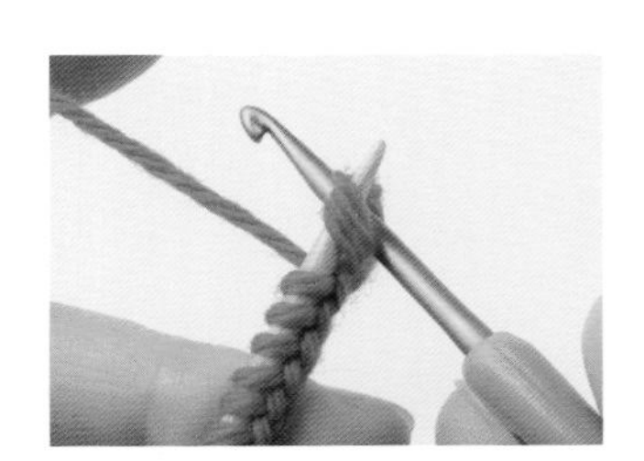

7
钩针剩余的针圈挂于棒针。

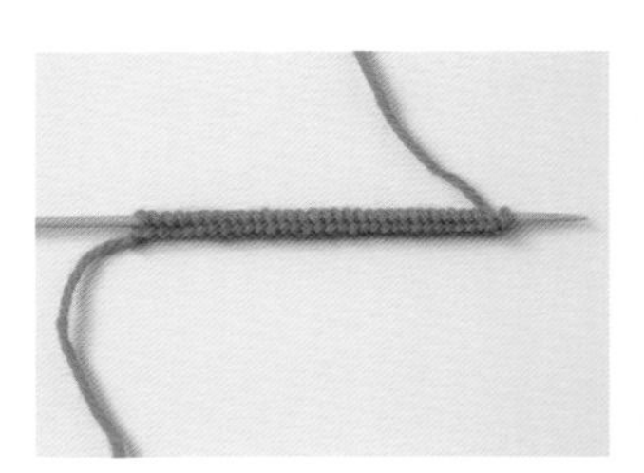

8
起针完成（本作品为 32 针）。起针不计入 1 行。

重点教程中，为方便学习理解，制作步骤中的图片替换了线的种类及颜色。

## 端部滑针，编织下针

第 1 行

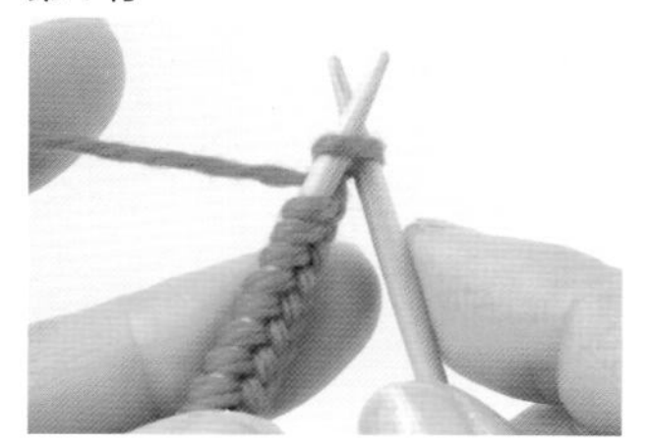

1
编织第 1 行。端部针圈每行不编织移至棒针（滑动）。

2
编织下针，图箭头所示入针。

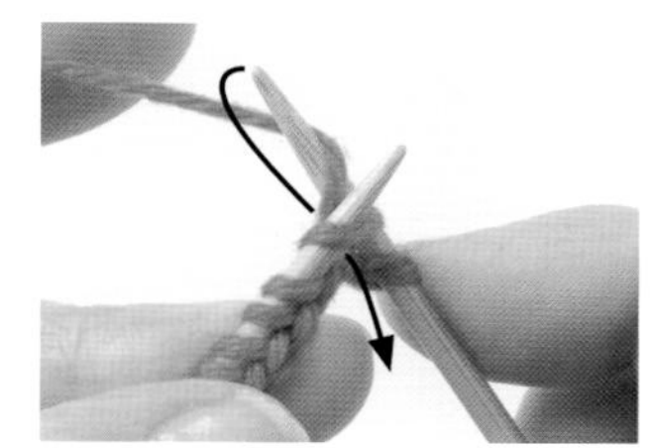

3
挂线引出。

4
下针 1 针完成。

## 编入珠子

1
珠子编入第 2 针和第 3 针之间。珠子过于第 2 针旁边。

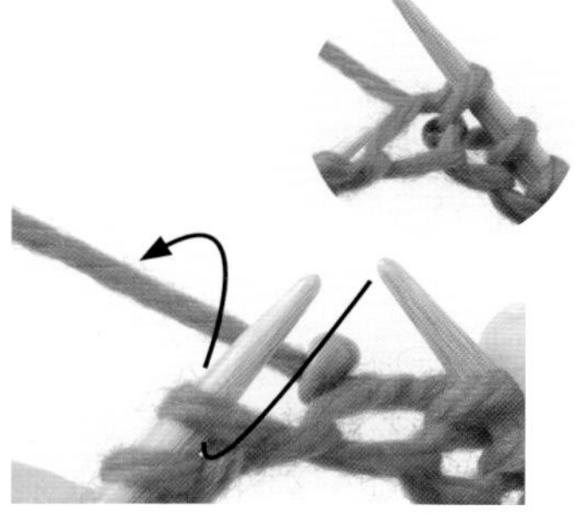

2
编织下针。右上图为编织完成 3 针，珠子出于反面。接着，编入珠子，编织剩余的下针。

第 2 行

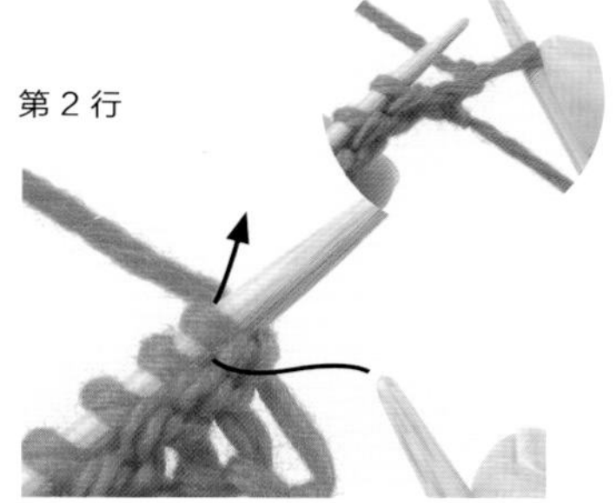

3
织片翻面，编织第 2 行。端部针圈如箭头所示入针，不编织滑动（右上图为滑动完成的针圈），从第 2 针开始均编织下针。

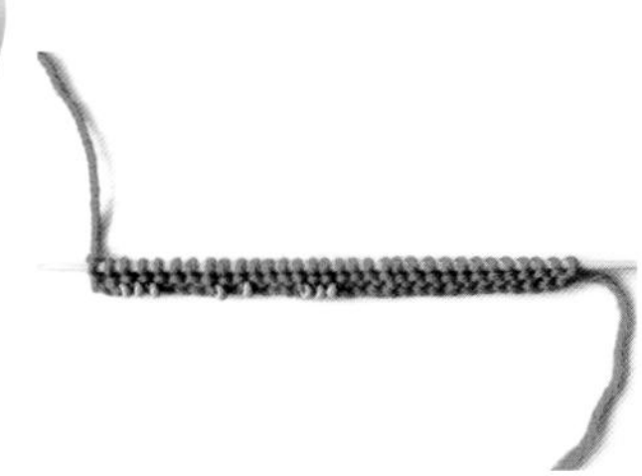

4
编织完成 2 行。参照图示，滑动每行端部的针圈，奇数行编入珠子，偶数行不编入珠子，编织下针。

1
编织 95 行，编织末端伏针固定（参照第 57 页）。编织末端的线留 30cm 处理线头。

## 卷针拼接

2
剩余的编织末端的线穿入手缝针。对齐起针和编织末端，逐针挑起入针、引线（左图），再次入针于相同针圈（右图）。

3
入针于对齐的各针圈，引线。

4
接着，卷针拼接至端部（图片中线没有完全收紧，方便识别）。

# 应用作品

## 珠子　护腕

重点教程 / 第 52 页

材料和工具

线　HAMANAKA 艺丝羊毛（L）
红色（335）40g

针　棒针3号、钩针4/0号

珠子　圆珠约4mm（黄绿色）540颗

成品尺寸

手腕周长18cm、长12cm

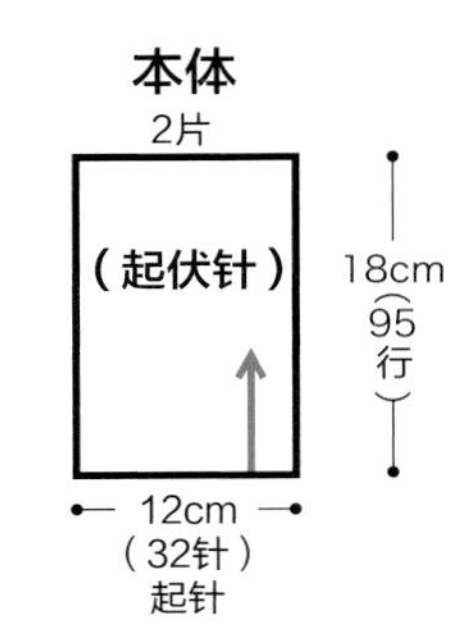


收尾

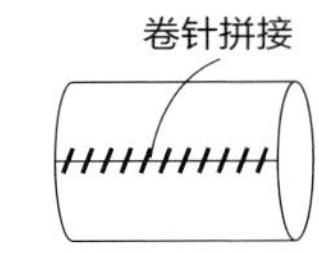


编织方法步骤

1
所需数量的珠子穿入线内。

2
用钩针起针的方法，在棒针侧起针。

3
每行不编织端部针圈滑动编织下针，奇数行编入珠子。

4
编织末端伏针固定。

（收尾）
看着正面卷针拼接编织末端和编织始端。

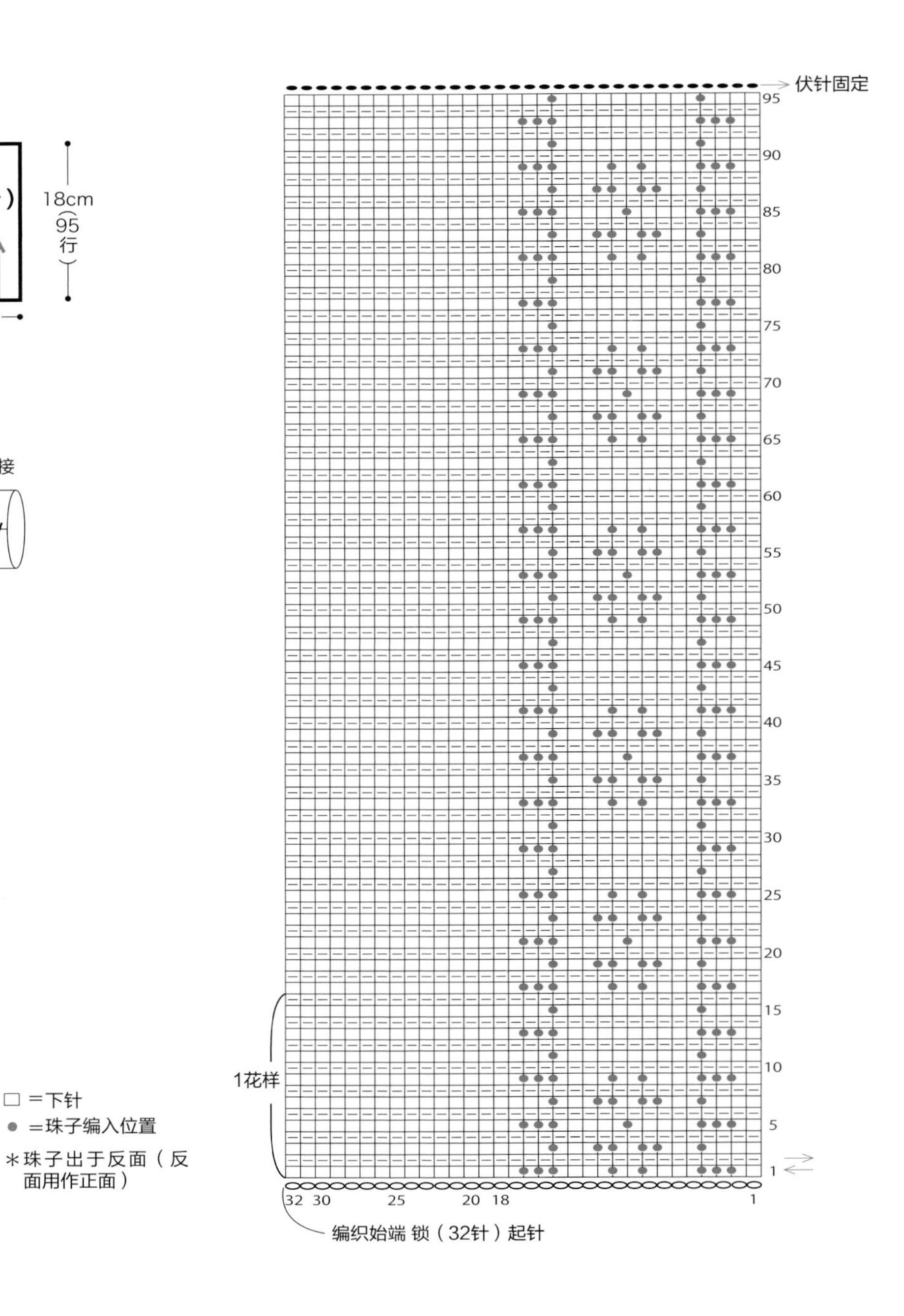

# 37

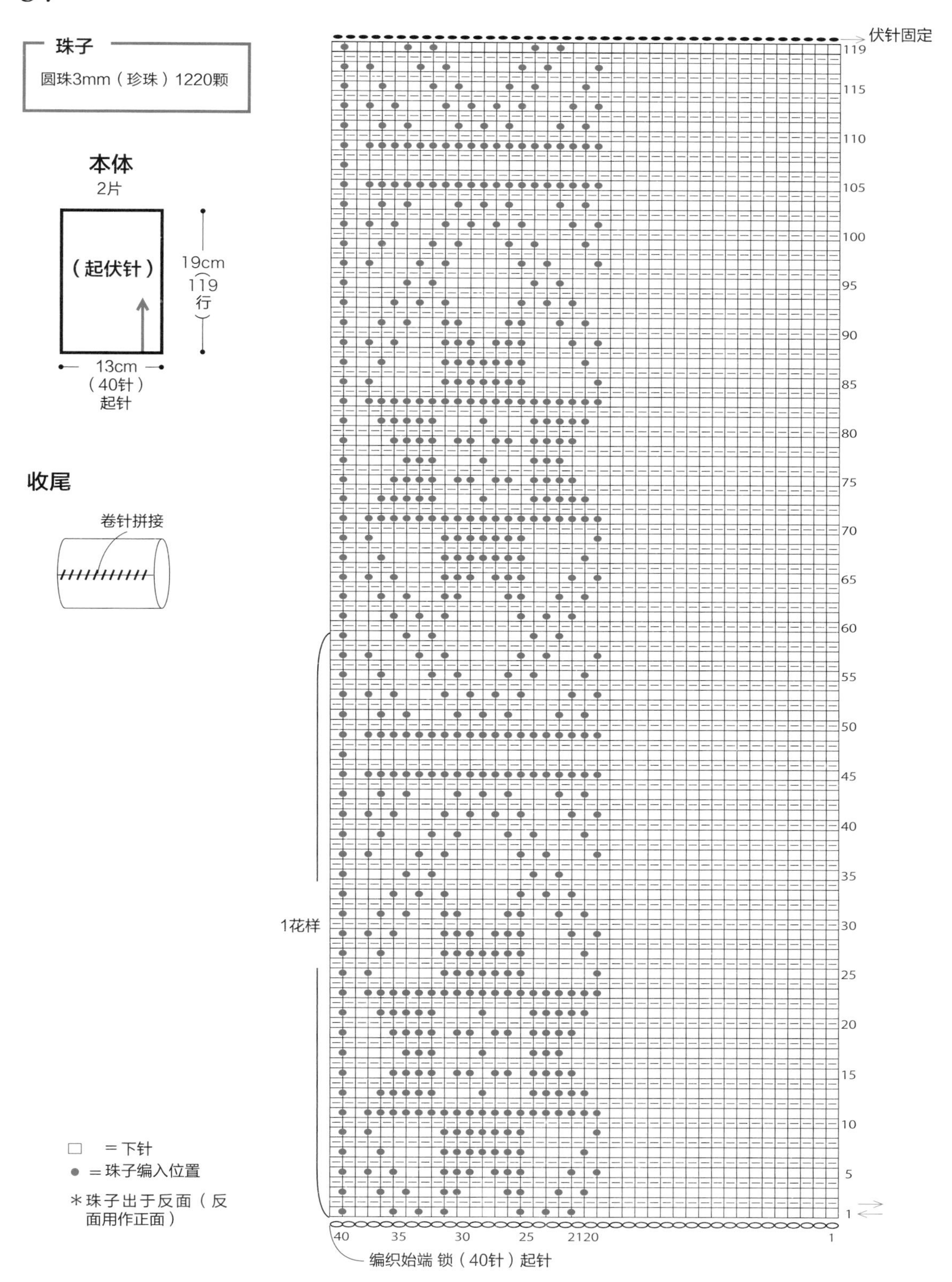

珠子
圆珠3mm（珍珠）1220颗
本体
2片
（起伏针）
19cm（119行）
13cm（40针）起针
收尾
卷针拼接
□ ＝下针
● ＝珠子编入位置
＊珠子出于反面（反面用作正面）
伏针固定
1花样
编织始端 锁（40针）起针

# Material guide

（图片同实物等大）

## 本书所用的线

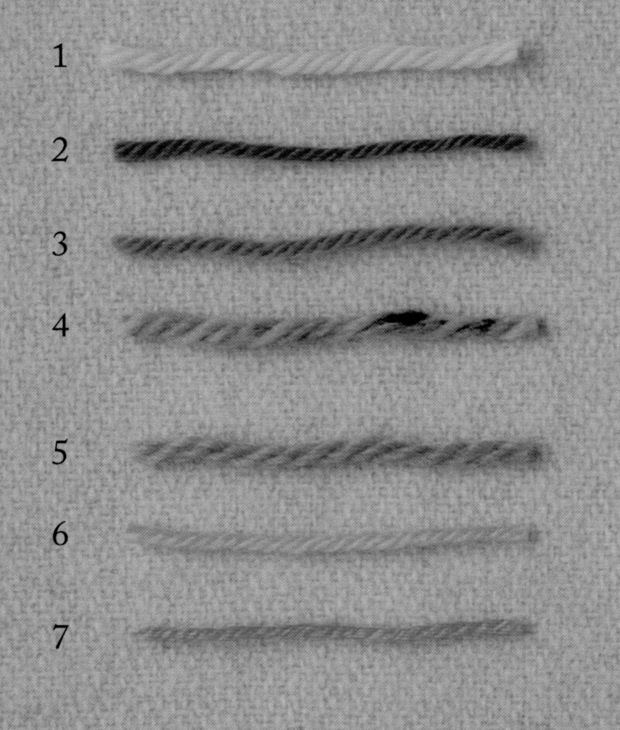


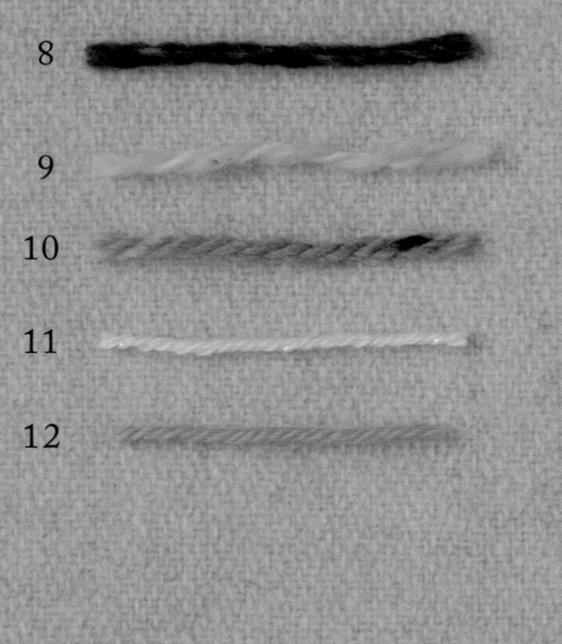


1
HAMANAKA 艺丝羊毛（L）
45 色 / 40g 每团 / 80m
钩针 5/0 号

2
HAMANAKA 纯毛中细
39 色 / 40g 每团 / 120m
钩针 4/0 号

3
HAMANAKA 斐尔拉迪 50
46 色 / 40g 每团 / 100m
钩针 5/0 号

4
HAMANAKA 艾伦粗花呢
13 色 / 40g 每团 / 82m
钩针 8/0 号

5
DARUMA 手编线 美利奴（L）
14 色 / 40g 每团 / 88m
钩针 6/0 7/0 号

6
DARAMA 手编线 小卷 Café 爱抚
23 色 / 20g 每团 / 57m
钩针 5/0 6/0 号

7
DARUMA 手编线 小卷 Café Demi
30 色 / 5g / 19m
钩针 2/0 3/0 号

8
OLYMPUS Tree House Leaves
10 色 / 40 每团 / 72m
钩针 7/0 8/0 号

9
OLYMPUS make make cocotte
15 色 / 25 每团 / 65m
钩针 6/0 7/0 号

10
OLYMPUS ever
11 色 / 40g 每团 / 78m
钩针 7/0 8/0 号

11
OLYMPUS Silky Grace
11 色 / 30g 每团 / 118m
钩针 4/0 5/0 号

12
OLYMPUS Premio
25 色 / 40g 每团 / 114m
钩针 5/0 6/0 号

印刷效果影响，图片可能同实物有些许差异。

# 39

## 珠子
## 护腕

图片/第 49 页
重点教程/第 52 页

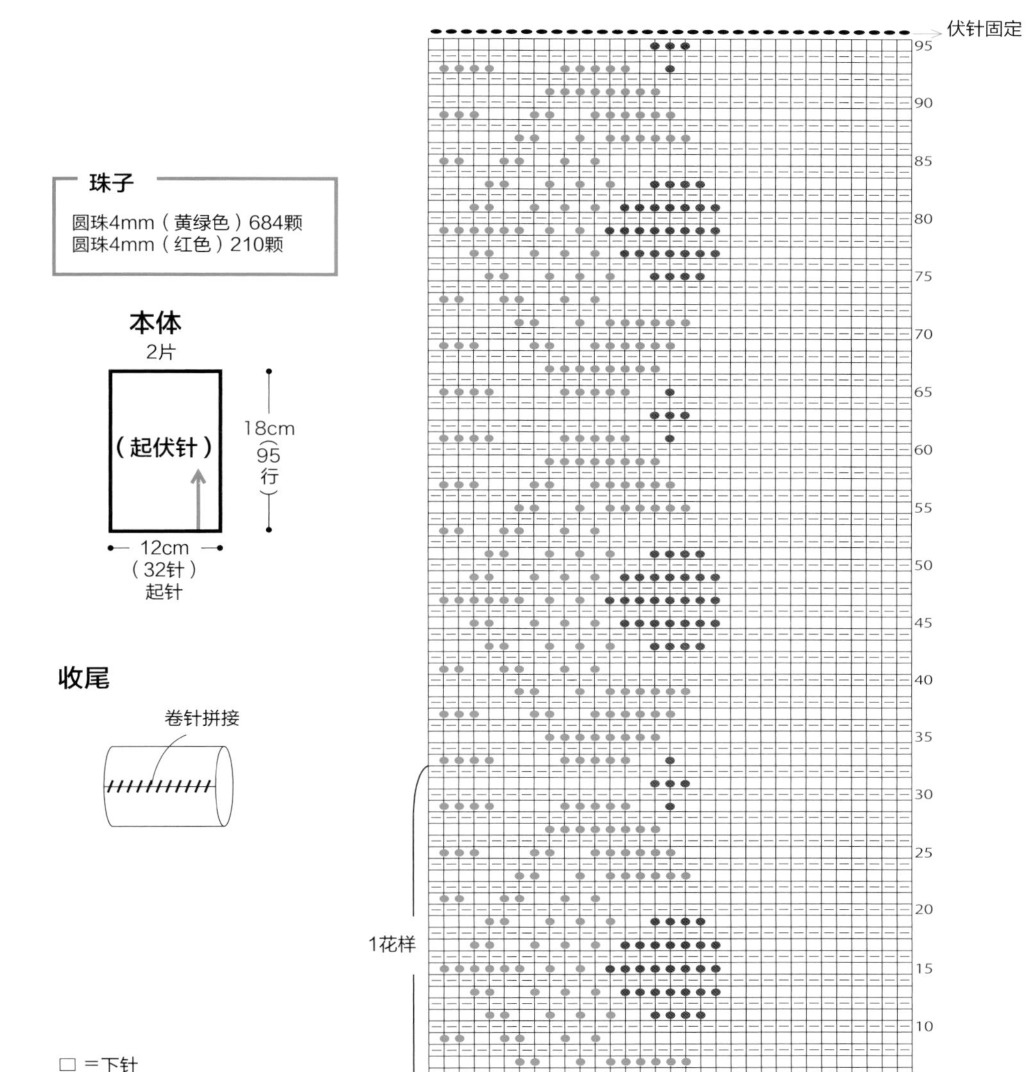

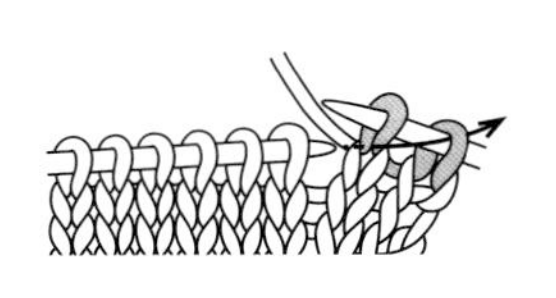

1
端部 2 针编织为下针，如箭头所示左针送入右端的针圈。

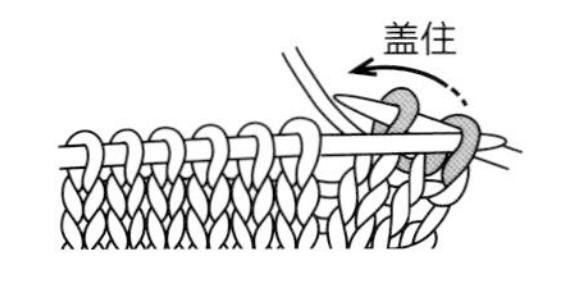


2
如图所示，右端针圈盖住相邻针圈。

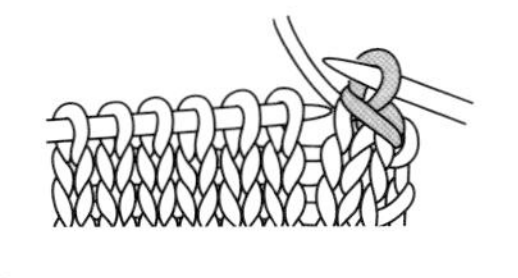

3
伏针 1 针完成。

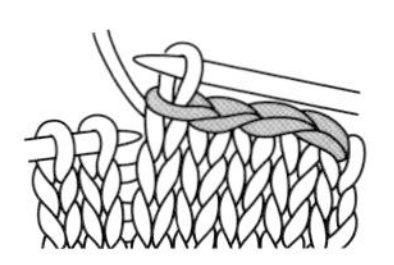

4
重复“下针编织 1 针左针的针圈，盖住右针的针圈”。编织末端，线头穿入最后的针圈。

# 25、26

## 费尔岛图案 护手

图片／第 33 页

### 材料和工具

线　DARUMA手编线 小卷Café Demi
作品25　卡其色（15）15g、蓝色（24）10g、深绿色（16）、松石绿（19）、原色（9）各5g
作品26　紫色（23）15g、粉色（2）10g、浅紫色（21）、深粉色（4）、薰衣草色（22）各5

针（通用）　钩针2/0号

### 成品尺寸（通用）

手腕周长20cm、长12cm

### 编织方法步骤

〈通用〉

1
锁64针起针，引拔成环状。挑起锁针的半针和里山，编织短针。

2
接着，编织短针的扭针编入花样。

3
第18行的大拇指位置另锁10针起针，挑起锁针的半针和里山编织。

4
编织末端编织逆短针。

（收尾）
挑起起针剩余的半针，编织短针。大拇指位置同样挑针，编织逆短针（作品25用卡其色，作品26用紫色）。

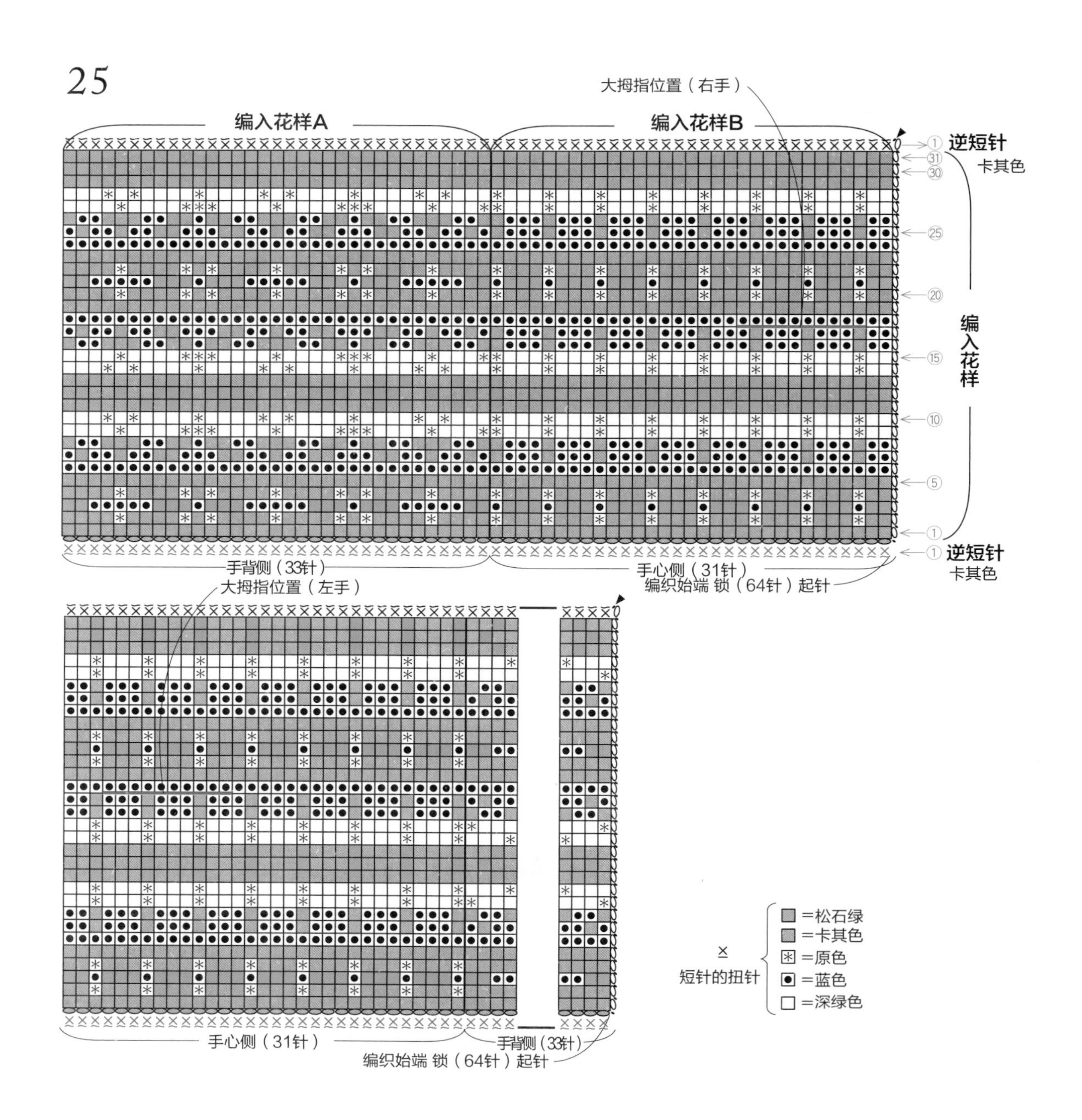

# 25、26

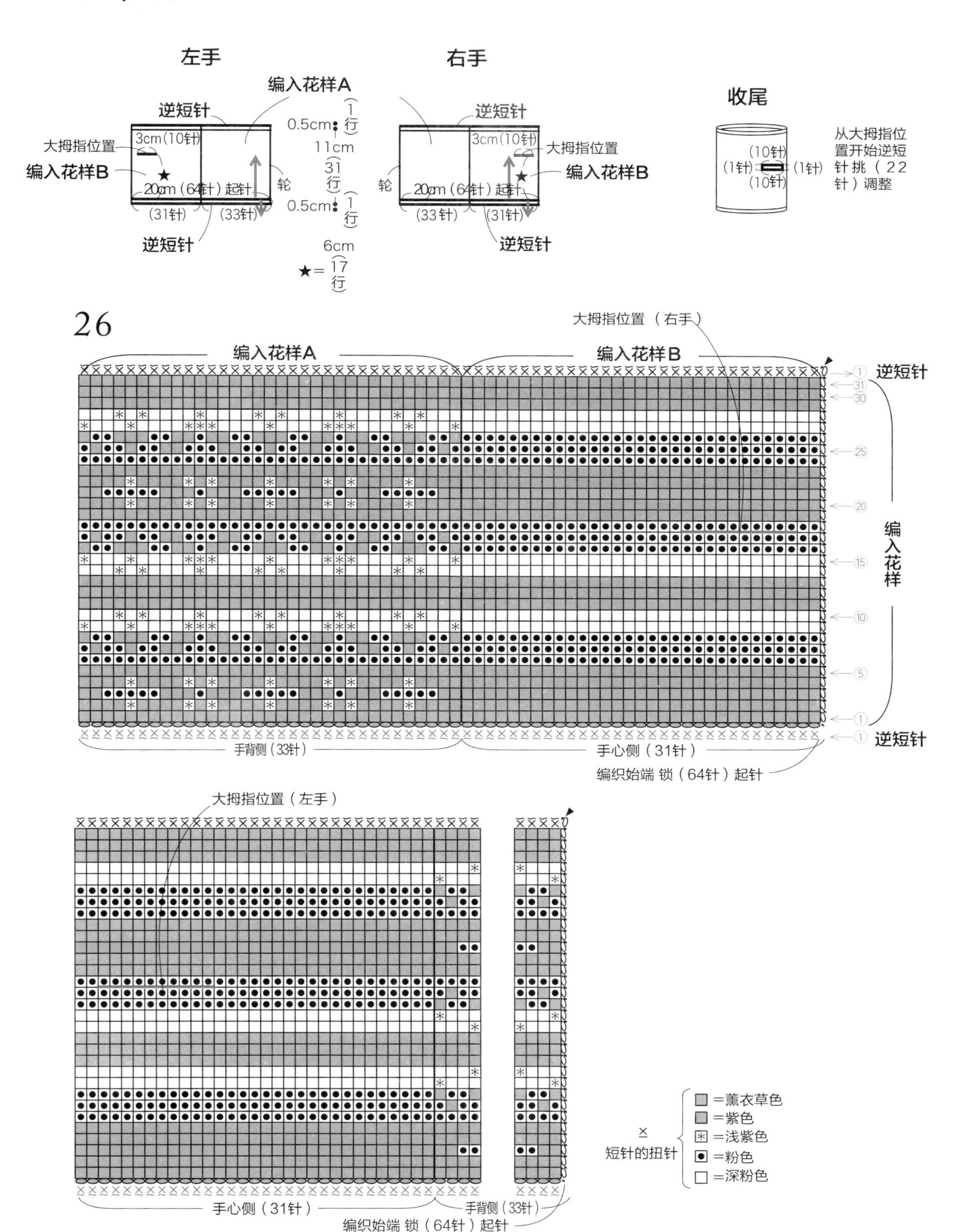
左手
右手
编入花样A
逆短针
大拇指位置
3cm（10针）
编入花样B
20cm（64针）起针
轮
（31针）
（33针）
0.5cm
1行
11cm
31行
6cm
★＝17行
收尾
（10针）
（1针）
从大拇指位置开始逆短针挑（22针）调整
26
大拇指位置（右手）
手背侧（33针）
手心侧（31针）
编织始端 锁（64针）起针
大拇指位置（左手）
×
短针的扭针
＝薰衣草色
＝紫色
＝浅紫色
＝粉色
＝深粉色

# 基础教程

## 钩针编织的基础

### 记号图的识别方法

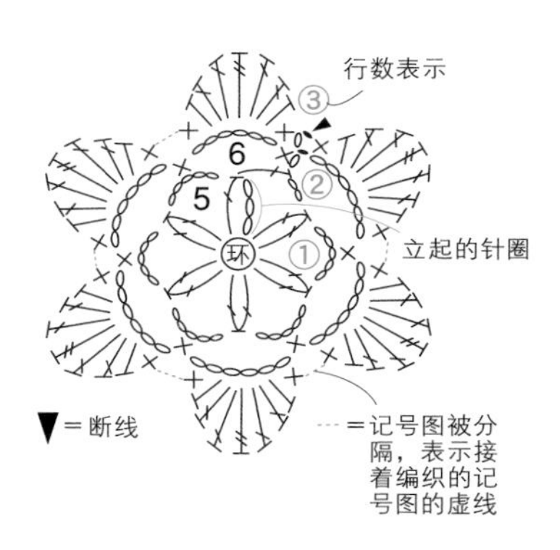


**从中心编织成圆形**

中心制作线环（或锁针），每一行都按圆形编织。各行的起始处接立起编织。基本上，看向织片的正面，按记号图从右至左编织。

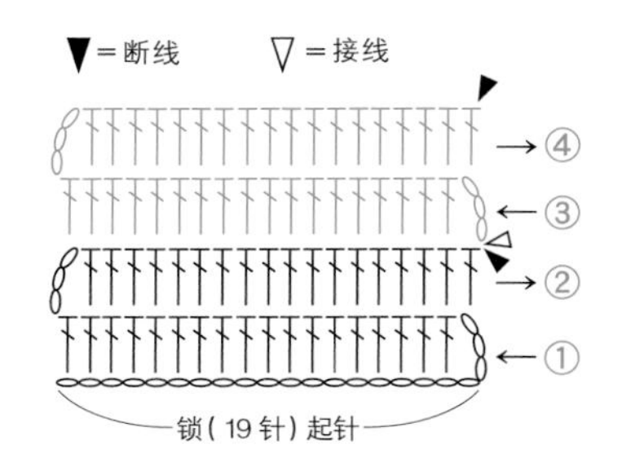


**平针**

左右立起为特征，右侧带立起时看向织片正面，按记号图从右至左编织。左侧带立起时看向织片背面，按记号图从左至右编织。图为第3行替换成配色线的记号图。

### 线和针的拿持方法

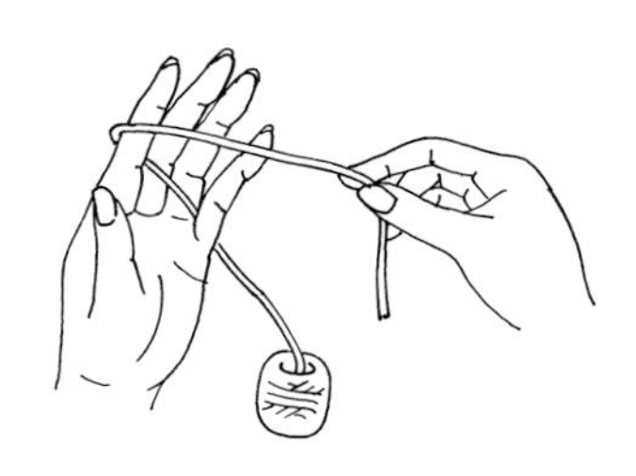

1　将线从左手的小拇指和无名指之间引出至内侧，挂于食指，线头出于内侧。

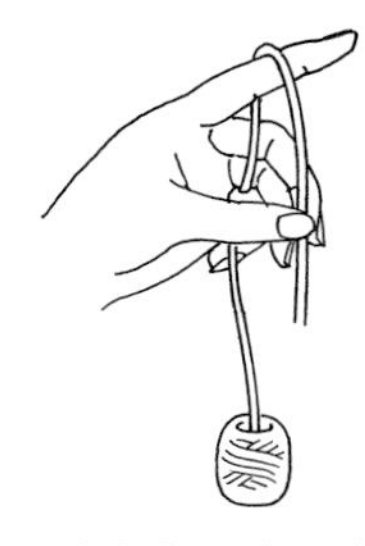

2　用大拇指和中指拿住线头，立起食指撑起线。

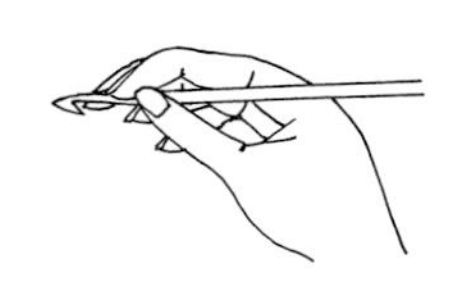

3　针用大拇指和食指拿起，中指轻轻贴着针尖。

### 初始针圈的制作方法

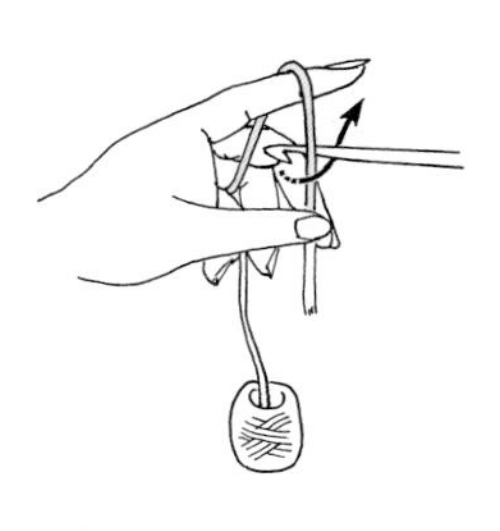

1　如箭头所示，针从线的外侧进入，并转动针尖。

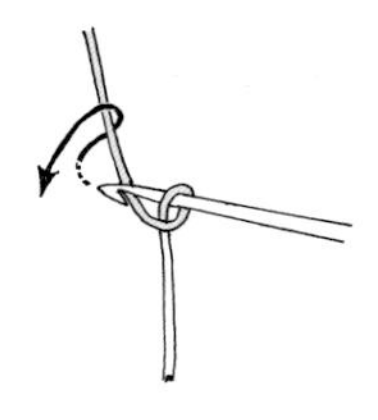

2　再次挂线于针尖。

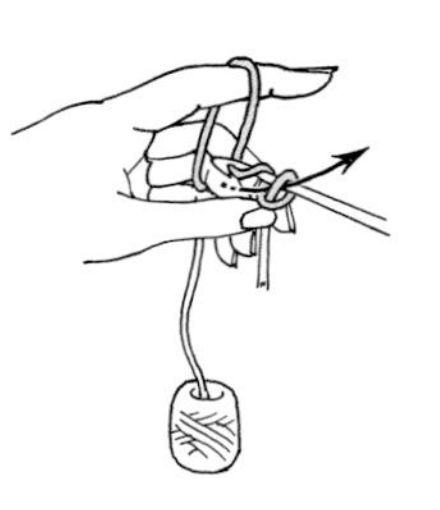

3　穿入线环内，线引出至内侧。

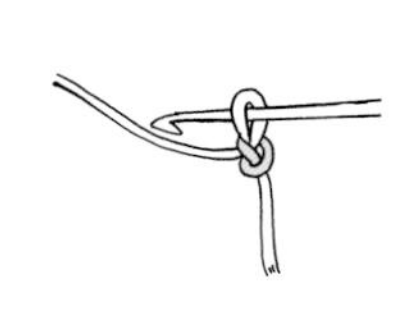

4　拉住线头、拉收针圈，初始针圈完成（此针圈不计入针数）。

### 锁针的识别方法

锁针分为正面及反面。反面的中央1根突出侧为锁针的“里山”。

## 针法记号

### 锁针

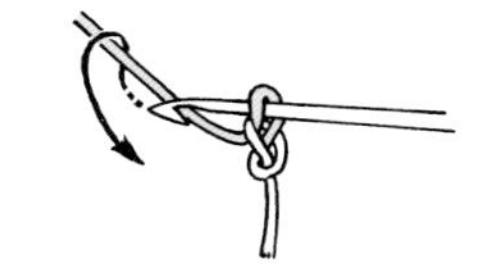

1 制作初始针圈，挂线于针尖。

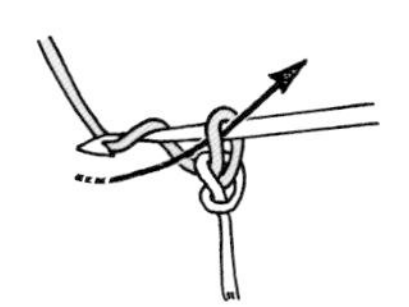

2 引出挂上的线，锁针完成。

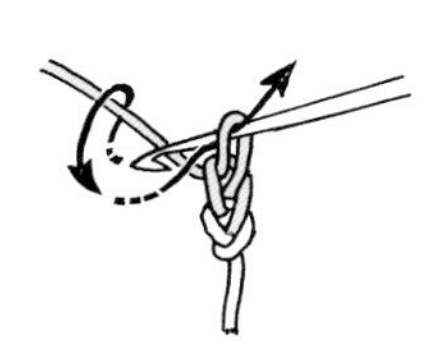

3 同样方法，重复步骤 1 及 2 进行编织。

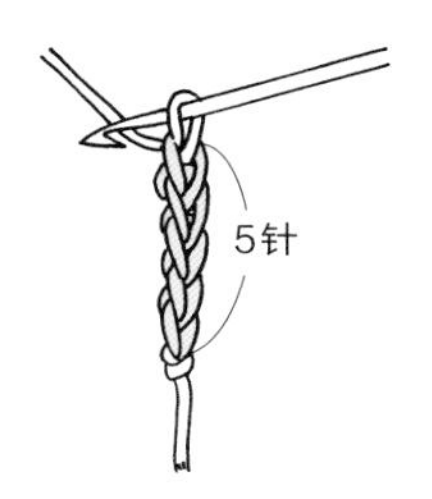


4 锁针 5 针完成。

### 引拔针

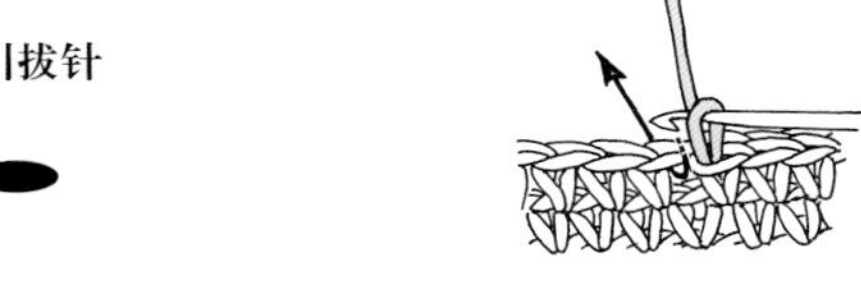

1 入针于上一行针圈。

2 挂线于针尖。

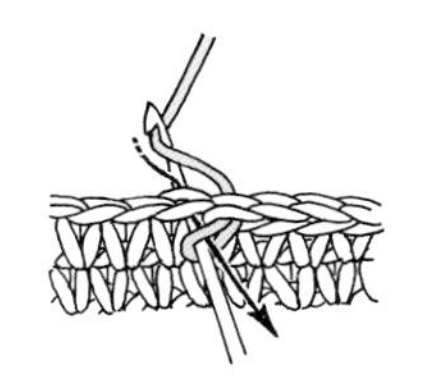

3 线一并引拔。

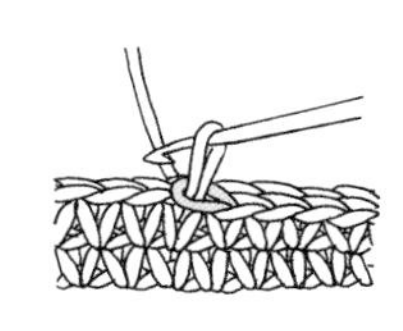

4 引拔针 1 针完成。

### 短针

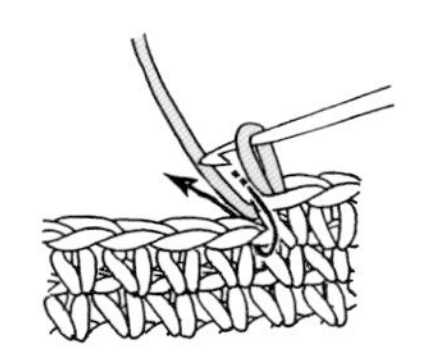

1 入针于上一行。

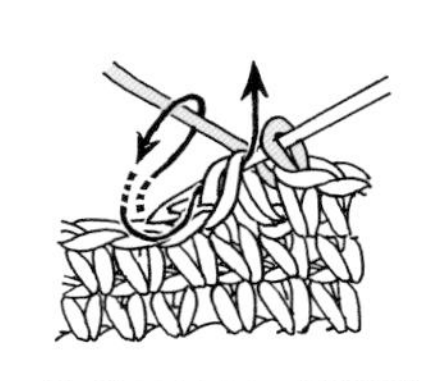

2 挂线于针圈，线袢引出至内侧。

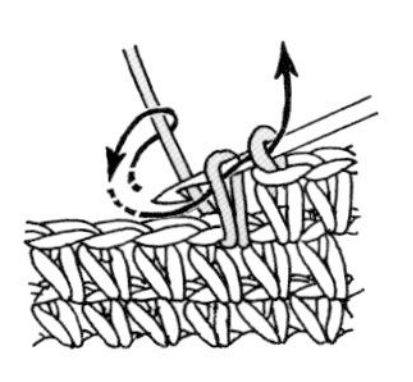

3 再次挂线于针尖，2 线袢一并引拔。

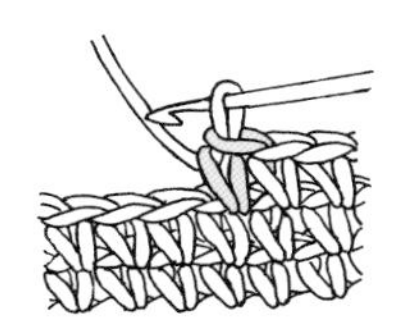

4 短针 1 针完成。

### 短针的扭针

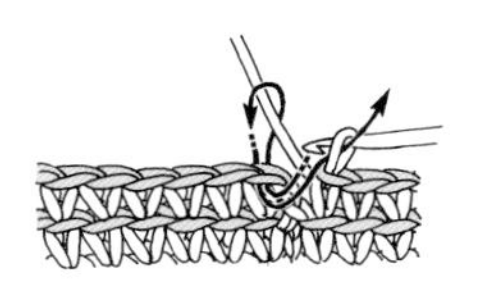

1 看着每行正面编织。整周编织短针，引拔于初始的针圈。

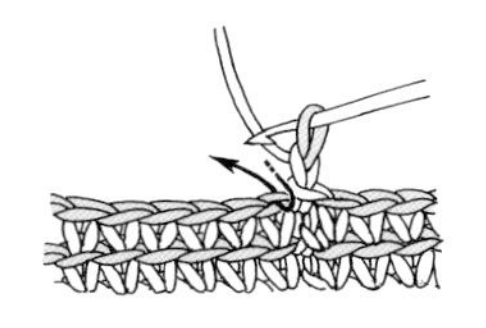

2 编织立起的锁 1 针，挑起上一行外侧半针，编织短针。

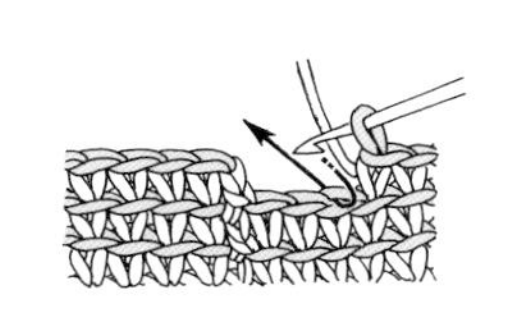

3 同样按照步骤 2 要领重复，继续编织短针。

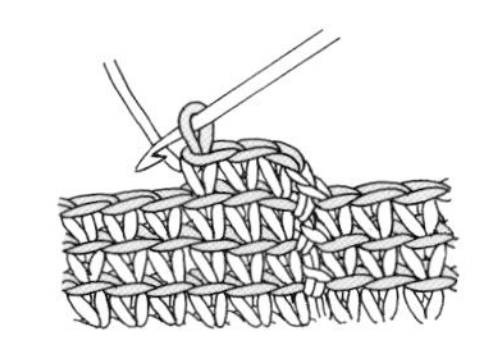

4 保留上一行的半针继续编织。

## 上一行针圈的挑起方法

### 编入 1 针

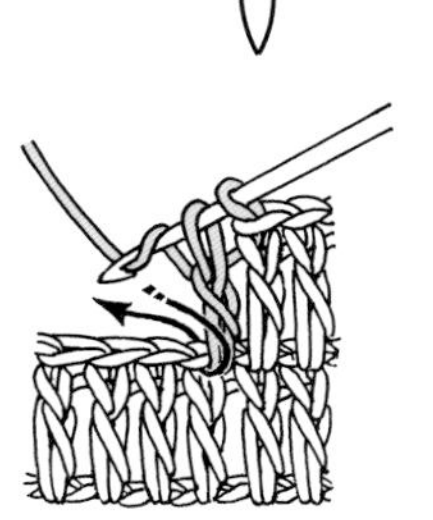

1

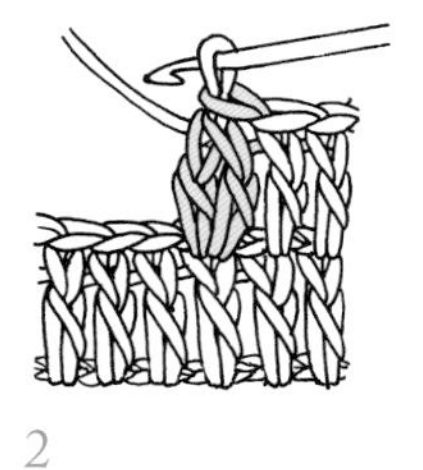

2

### 挑起束紧编织锁针

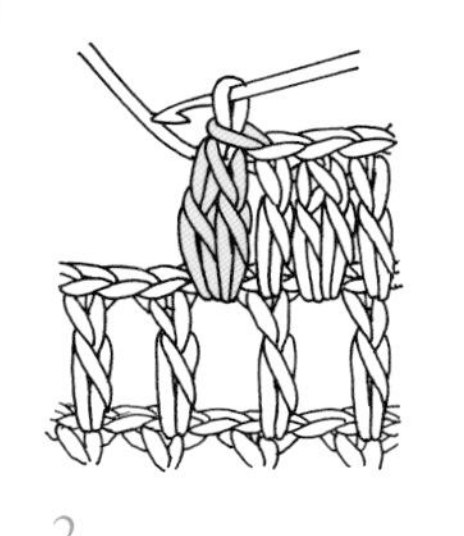

1

2

即使是相同的泡泡针，针圈的挑起方法也会因记号图而改变。记号图下方闭合时编入上一行的 1 针，记号图下方打开时挑起束紧编织上一行的锁针。

## 中长针

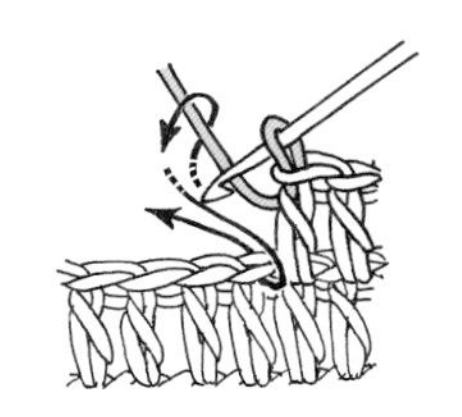

1 挂线于针尖，入针于上一行针圈后挑起。

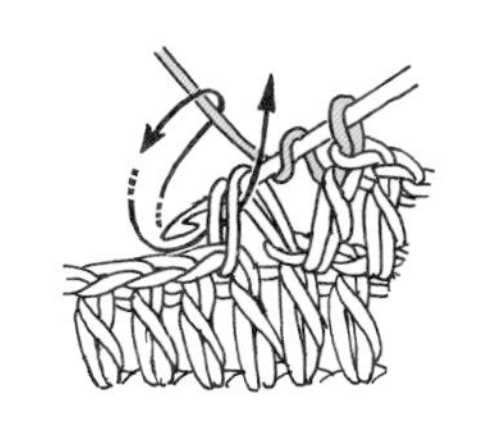

2 再次挂线于针尖，引出至内侧。

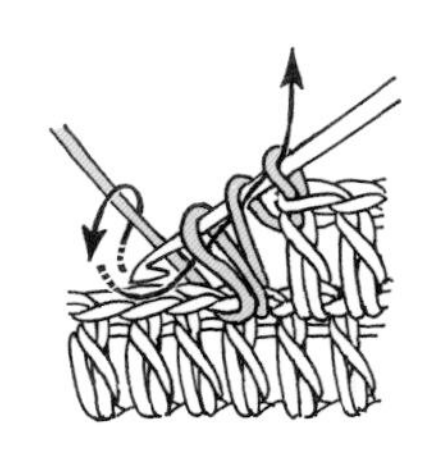

3 挂线于针尖，3 线袢一并引拔。

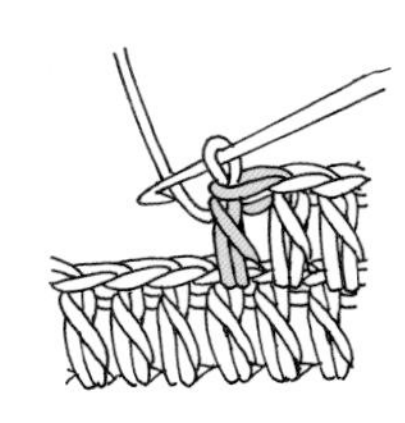

4 中长针 1 针完成。

## 长针

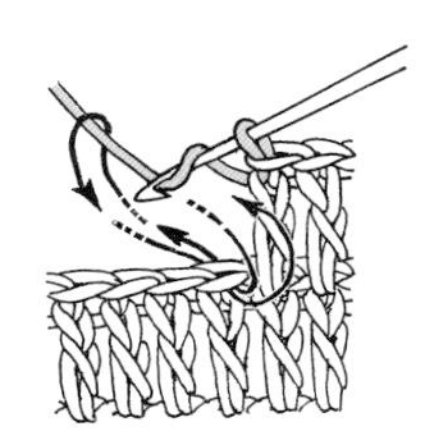

1 挂线于针尖，入针于上一行针圈，再次挂线引出至内侧。

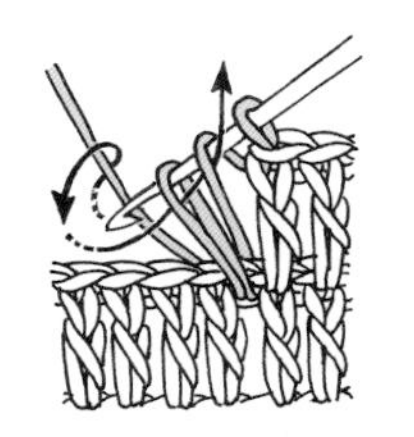

2 如记号所示，挂线于针尖引拔 2 线袢（此状态称作“未完成的长针”）。

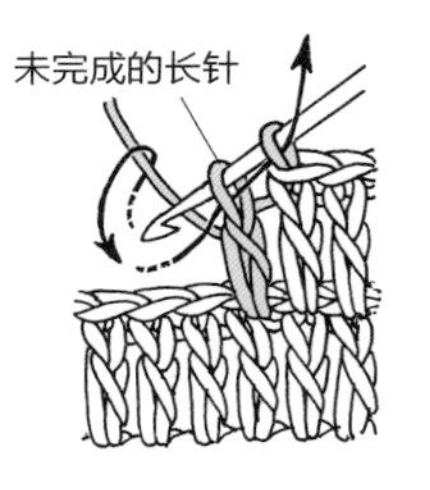


3 再次挂线于针尖，如箭头所示引拔余下的 2 线袢。

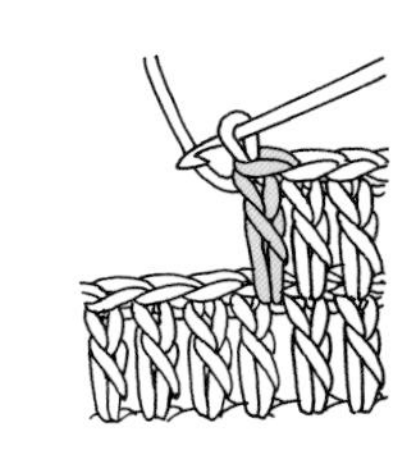

4 长针 1 针完成。

## 长长针

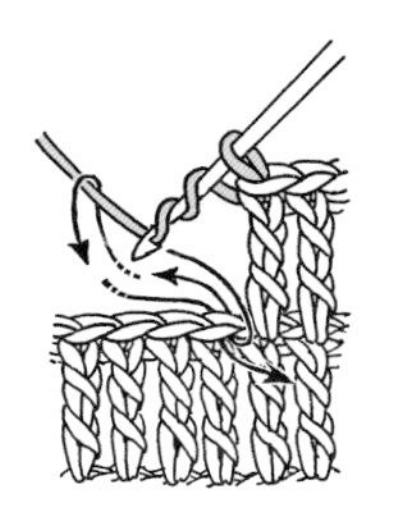

1 绕线于针尖 2 圈，入针于上一行针圈，挂线后引出线袢至内侧。

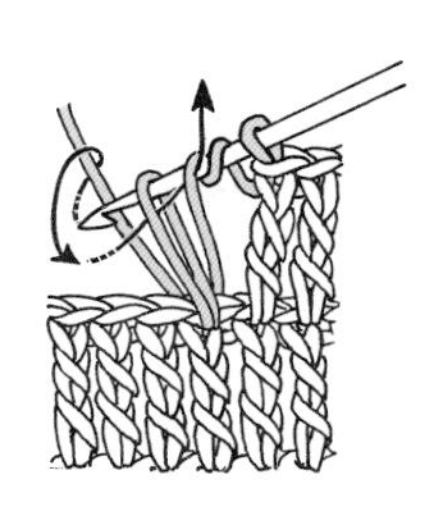

2 如箭头所示挂线于针尖，引拔 2 线袢。

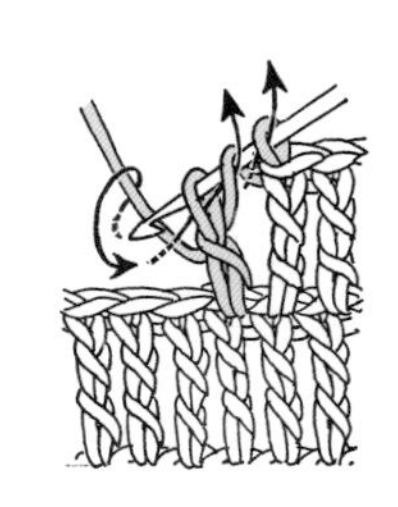

3 同步骤 2 重复 2 次。

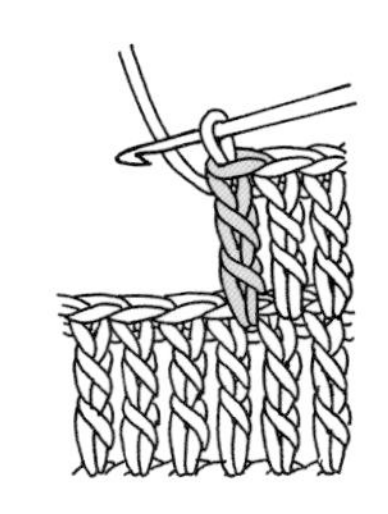

4 长长针 1 针完成。

## 短针 2 针并 1 针

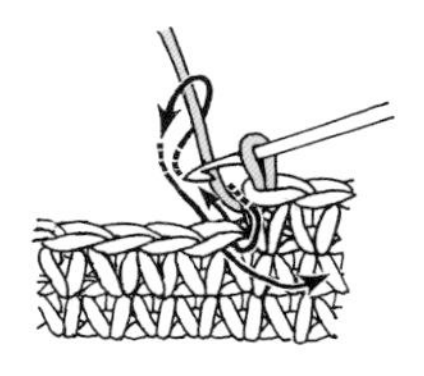

1 如箭头所示，入针于上一行 1 针，引出线袢。

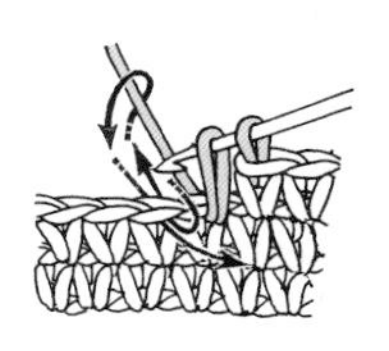

2 下个针圈同样方法，并引出线袢。

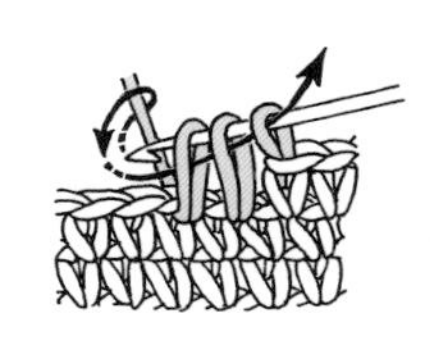

3 挂线于针尖，3 线袢一并引出。

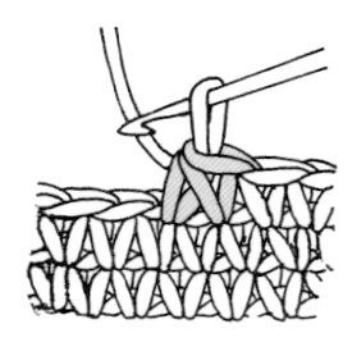

4 短针 2 针并 1 针完成。比上一行减少 1 针。

## 短针 2 针编入

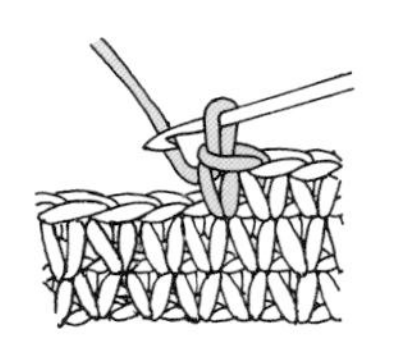

1 编织 1 针短针。

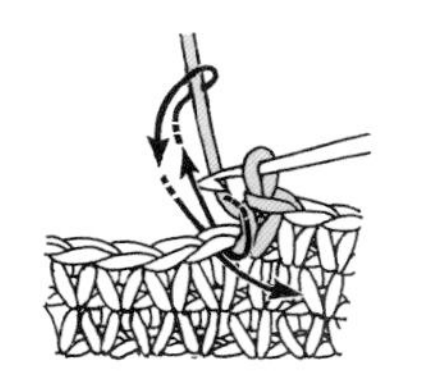

2 相同针圈侧再次入针，线袢引出至内侧。

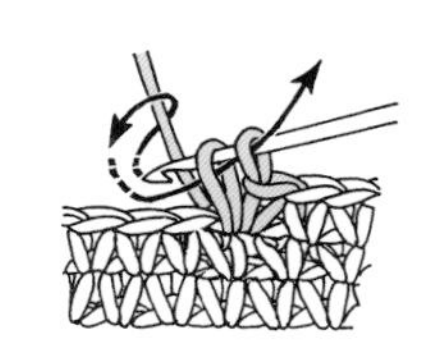

3 挂线于针尖，2 线袢一并引出。

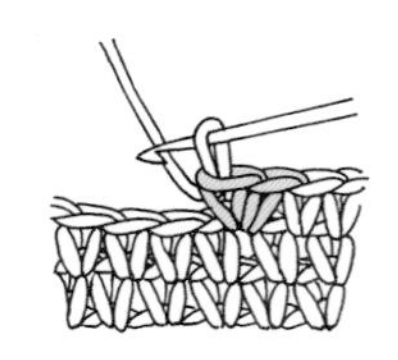

4 上一行的 1 针编入 2 针短针。比上一行增加 1 针。

### 长针 2 针并 1 针

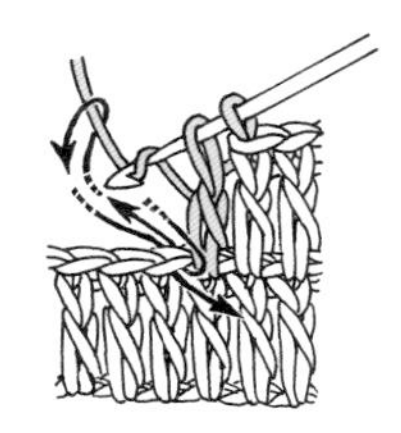

1　上一行的 1 针侧制作未完成的长针 1 针，钩针如箭头所示送入下个针圈引出。

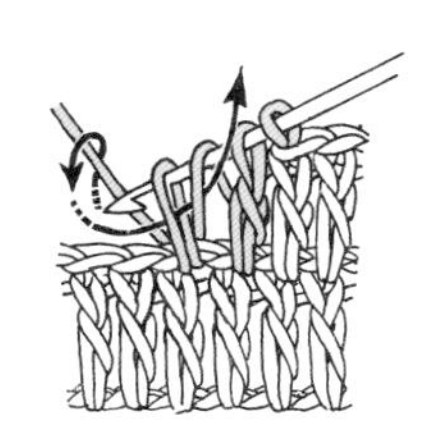

2　挂线于针尖，引拔 2 线袢，制作第 2 针未完成的长针。

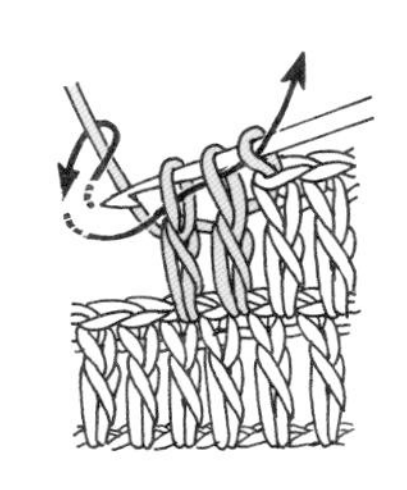

3　挂线于针尖，如箭头所示 3 线袢一并引拔。

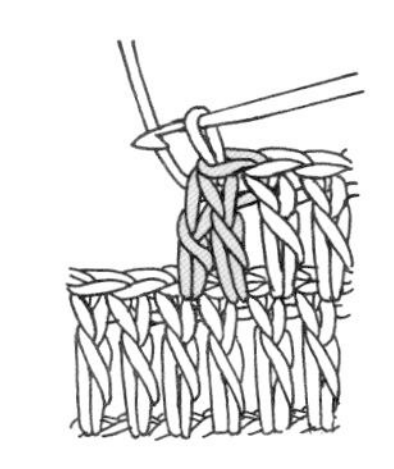

4　长针 2 针并 1 针完成。比上一行减少 1 针。

---

### 长针 2 针编入

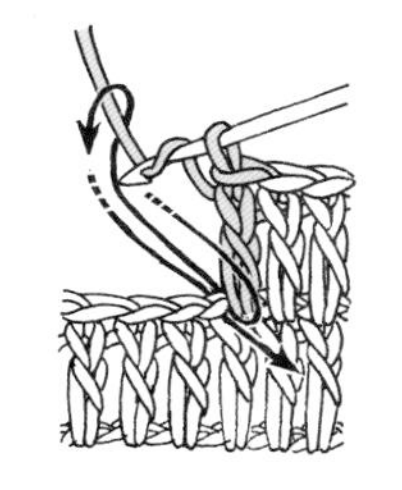

1　已编织 1 针长针的相同针圈侧，再次编入 1 针长针。

2　挂线于针尖，引拔 2 线袢。

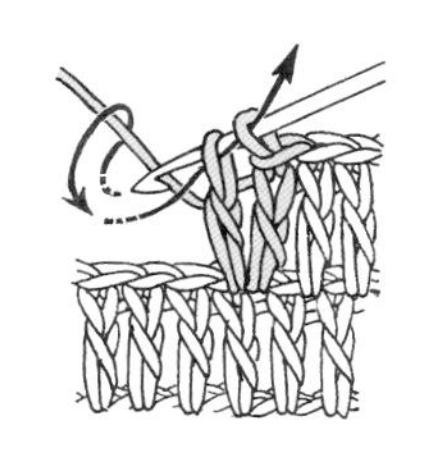

3　再次挂线于针尖，引拔余下的 2 线袢。

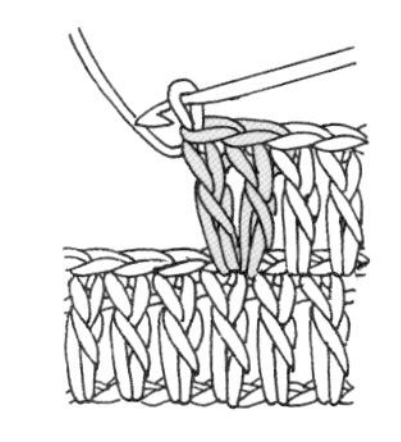

4　1 针侧编入 2 针长针。比上一行增加 1 针。

---

### 表引长针

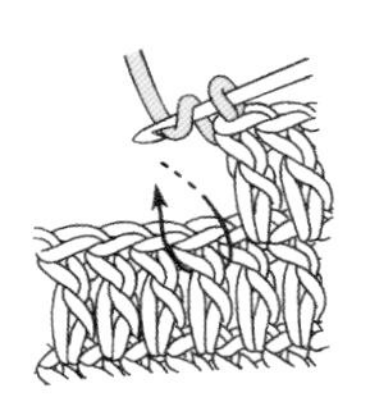

1　挂线于针尖，如箭头所示，从表侧入针于上一行长针底部。

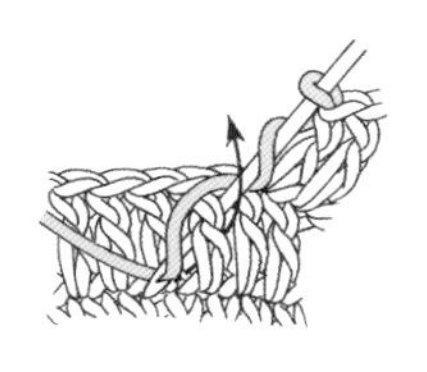

2　挂线于针尖，延长引出线。

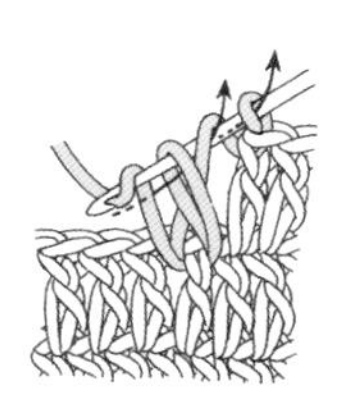

3　再次挂线于针尖，引拔 2 线袢。再次重复相同动作。

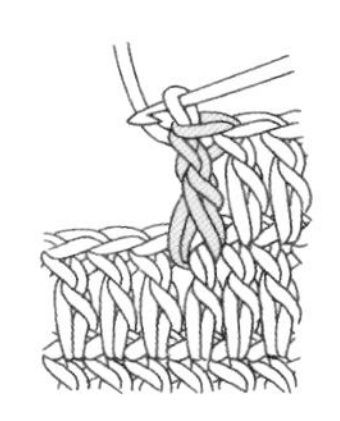

4　表引长针完成。

---

### 里引上针

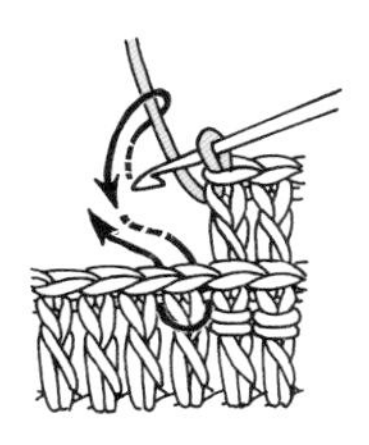

1　挂线于针尖，如箭头所示，从里侧入针于上一行长针底部。

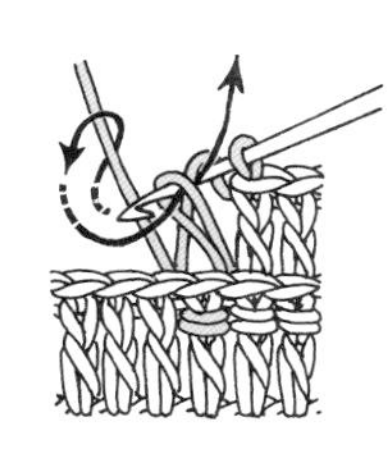

2　挂线于针尖，如箭头所示引出于织片外侧。

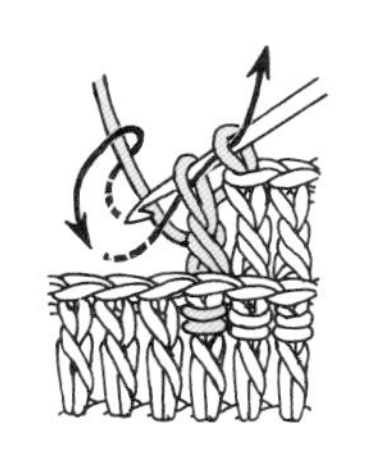

3　延长引出线，再次挂线于针尖，引拔 2 线袢。再次重复相同动作。

4　里引长针完成。

---

### 中长针 3 针的变形泡泡针

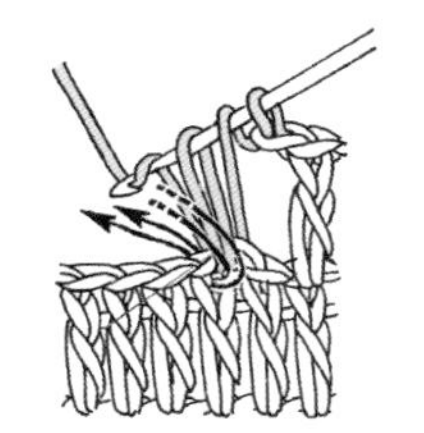

1　上一行相同针圈侧编织 3 针未完成的中长针。

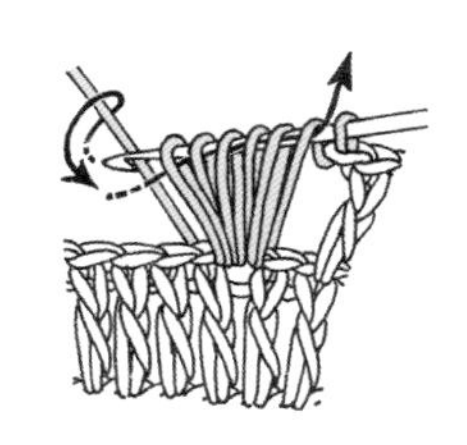

2　挂线于针尖，先引拔 6 线袢。

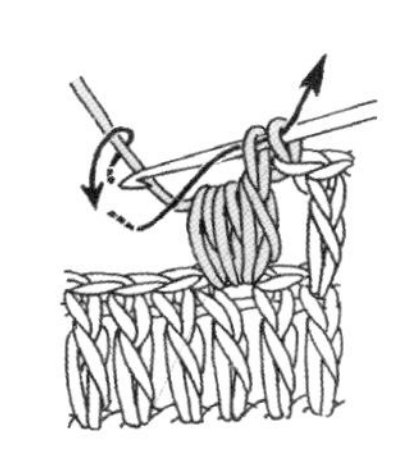

3　再次挂线于针尖，引拔余下的 2 线袢。

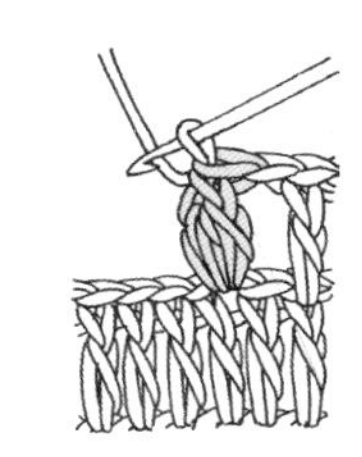

4　中长针 3 针的变形泡泡针完成。

### 逆短针

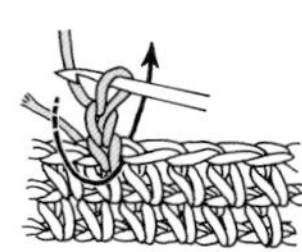

1　编织立起的锁 1 针，如箭头所示从内侧入针。

2　挂线，如箭头所示引出。

3　再次挂线，2 线袢一并引拔。

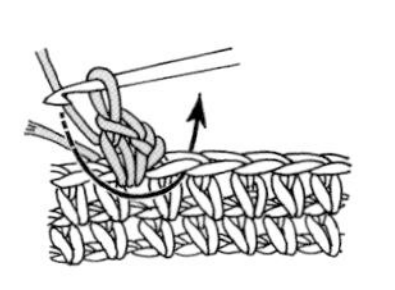

4　如箭头所示，从内侧入针于下一针圈。

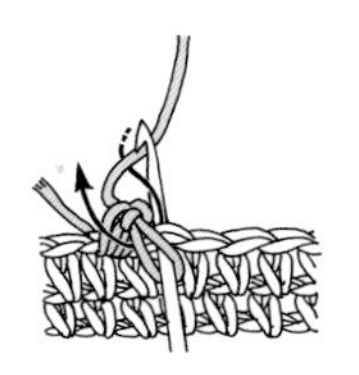

5　挂线，如箭头所示引拔。

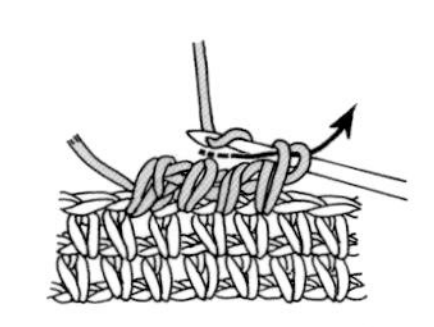

6　再次挂线，2 线袢一并引拔。重复操作，编织逆短针。

---

### 长针 3 针的泡泡针

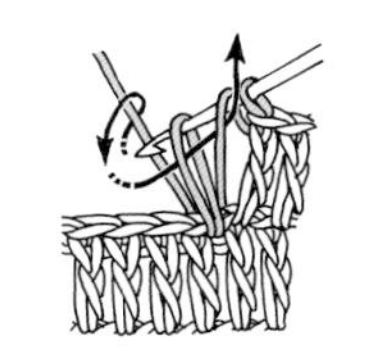

1　上一行针圈侧编织 1 针未完成的长针。

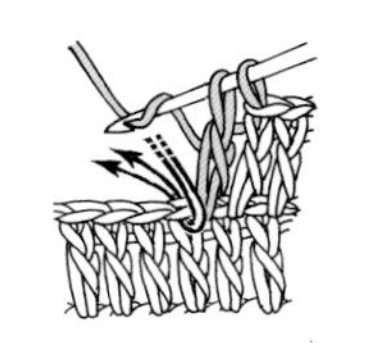

2　入针于相同针圈，接着编织 2 针未完成的长针。

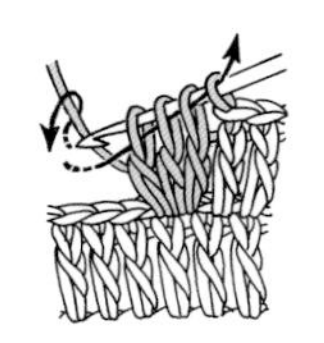

3　挂线于针尖，挂于针的 4 线袢一并引拔。

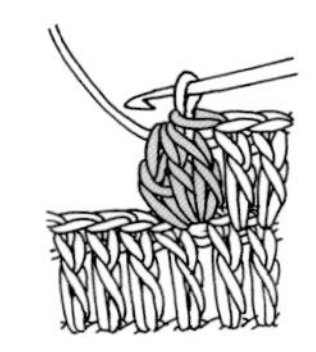

4　长针 3 针的泡泡针完成。

---

### 长针 5 针的泡泡针

1　长针 5 针编入上一行相同针圈，先松开针、如箭头所示重新送入。

2　如箭头所示，针尖的针圈引拔至内侧。

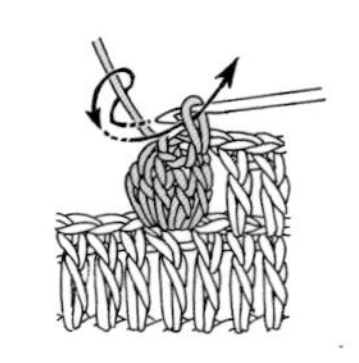

3　再次编织 1 针锁针，并拉收。

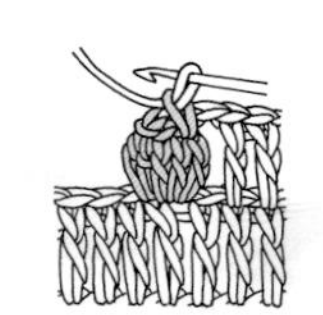

4　长针 5 针的泡泡针完成。

---

## 其他基础索引